職場百妖誌

菲女狼｜著

[作者序]

冷眼笑看妖者如何「作」……？

這本書不是心靈雞湯，亦不是心靈毒藥。

我不會盲目地灌輸你「只要努力就會成功」；也不會輕率地告訴你「這世界不值得付出，鼓勵你直接躺平擺爛。」因為，努力不懈不是職場順遂的保證。不過，躺平擺爛，卻也辜負了這難得的人生！

「兢兢業業就能得到賞識，勤勤懇懇便可升官加薪。」我的父母是這樣教育我的；初出茅廬的我，認真以為這世界理應這樣運轉。但很抱歉，職場跟你以為的不一樣。

君不見那麼多懷才不遇？小人得志？草包當道嗎？「鞠躬盡瘁就會被看重，徇私枉法就會被處罰，講求道義就會被敬重，搞七捻三就會被不恥。」你以為再正常不過的世間道理，並不是職場運作的通用準則。

在職場闖蕩逾二十年，我待過公關代理商、外商公司、上市企業，這一路上，處處充斥著得道的作妖者，每天上演著各種光怪陸離。一路走來，彷彿沿途在打怪。

這職場，跟我父母教育的不一樣；跟我以為理應如此的倫常不一樣。但願這些事情我早十幾年前就知道。抱持著這樣的信念，我起心動念把闖蕩職場，遭遇過或聽過的各式千奇百怪與應對心法寫下來。希望讓所有年輕上班族可以借鏡，比我更早洞悉職場運作，更快找到適合自己安身立命的方法。

每個人對工作的看法不同，可以隨波逐流，也可以奮發進取，可以平平淡淡，也可以轟轟烈烈。不論你想要過什麼樣的人生皆無可厚非。但你要當自己的主宰，而非被局勢耍得團團轉的陀螺。

瞭解這一路上各種作妖者的心思，才能看懂千百種套路，做個人間清醒，才能不遶太多冤枉路，往你想要的坦途邁進。

很多事，你不見得要說破，但勢必要看透。

工作中，你可以裝傻，但不能真傻。

一起冷眼笑看作妖者怎麼「作」……。

菲女狼

目錄

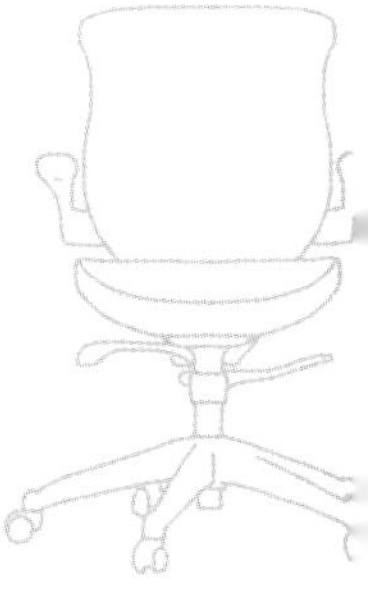

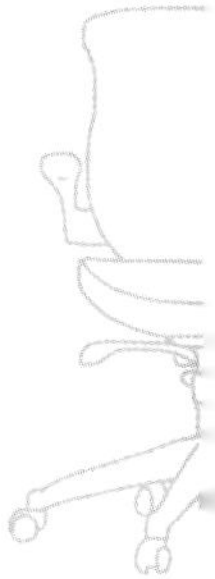

Chapter 2

你以爲的不是你以爲，突破盲點才知如何作爲

Chapter 3

應對合宜，當個討人喜愛的下屬

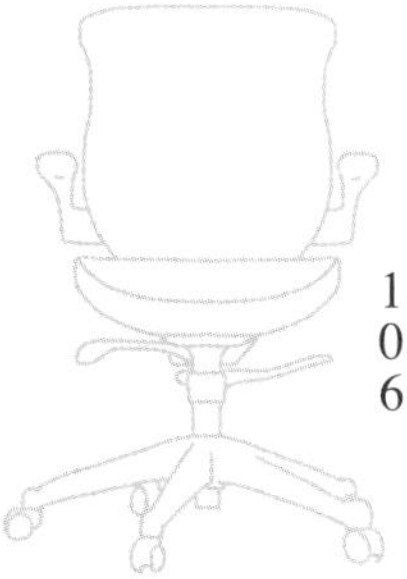

Chapter 4
進OR退？職場中的競爭關係如何拿捏？

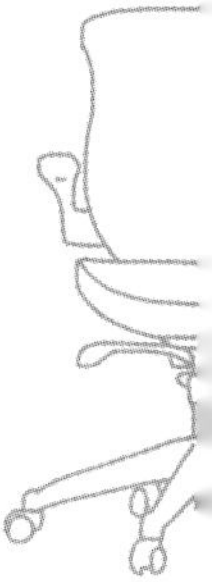

Chapter 5

男人、女人？職場中的兩性關係

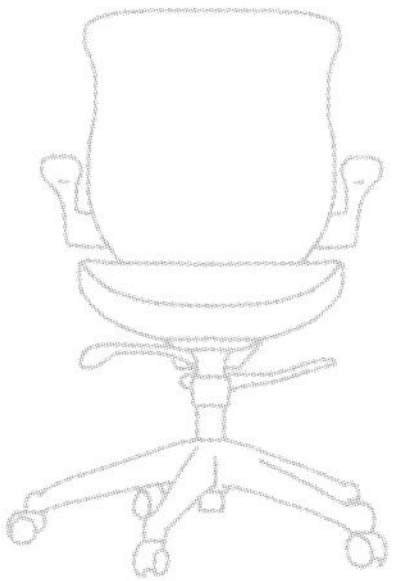

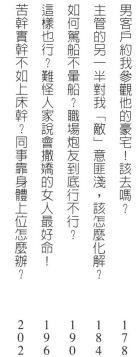

Chapter 1

看懂這一局，才知道該如何落子下棋

1.1 主管多是「廢柴」不奇怪？

你以為所有爬到高層的人都智慧超群、才思敏捷、雄才大略？其實這大錯特錯，因為廢柴是不分階級，滲透在組織內的……。

「業務這麼久沒拜訪客戶，檔期促銷補助款申請了大半年沒有下文，你們公司業務可以當到這樣真的很屌，貴公司可真的能稱得上『幸福企業』耶！」客戶窗口極盡諷刺之能事，毫不遮掩不滿情緒。

目前在保養品公司擔任通路行銷的海蒂，很是無奈地訴説，拜訪賣場客戶商談夏季檔期促銷活動時，她就這樣被客戶硬生生地罰站訓斥半個小時。起因是，自家業務凱西已經足足五個多月沒踏足這間賣場，甚至拖延了早就應該支付給客戶的行銷補助款項。

「就是你之前說過很混的那個……凱西？」

凱西愛打混在公司早就出了名，跟她合作過的同事苦不堪言，海蒂好幾次把她離譜的行徑，狀告到業務主管致翔經理。致翔經理聽得直搖頭，告訴同事們他心裡有數，會想辦法處理。

不過，都已經快一年了吧！凱西依舊如故，完全沒有改變，公司也沒有採取相對應的懲處。於是，就發生了讓海蒂罰站在客戶賣場，被訓斥了半小時的事情。

「更悲催的是，為了此次夏季促銷活動案，我拜訪了好幾個客户，凱西並不是唯一讓我被客户斥責的業務。也就是說，我們公司面對客户的第一線業務有問題的不只一人。」

剛開始，海蒂單純為了公司有這樣打混的業務同仁們感到氣憤與不滿。久而久之，她不滿的對象已經從業務同仁轉移到業務主管身上，而情緒也從氣憤轉變為失望。

職場上的人百百種，難免有像凱西這類「廢柴」，不論是直接驅逐劣幣、或者採取積極的督促手段，都有改善機會。最怕的就是高層視而不見、毫無作為。

海蒂透露：「致翔經理嘴上說的處理，就是把人叫到辦公室稍微唸叨兩句，沒有拿出具體的管理辦法。」有膽子打混到如此程度的業務，哪是光唸叨兩句就會改變的。不過，致翔經理有唸叨就代表他盡了主管監督之責，如果沒有再接到客訴，就當作一切自動校正、天下太平了。

令海蒂備感頭疼的，還有每個月的例行業務會議。業務們的報告總做得漫不經心，八成以上內容與上月報告雷同。礙於大家都是平行單位，海蒂不好多說什麼。然而，致翔經理似乎沒察覺出不對勁，亦可能是察覺了卻默許，讓這種懶得換湯也懶得換藥的例行會議，每個月召開卻徒流於形式，無法溝通交流市場狀況與競爭態勢。

「看樣子，你的主管也蠻『廢』的。」我對海蒂的遭遇深感同情，卻也只能安慰：「也許更高層的長官出手就會有所改變。」

「就是總經理都已經下了指導棋還這樣，才更令人洩氣。」

原來，之前在宴請重要客户的年度晚宴上，客訴直接抱怨到總經理那去了，在了解事態嚴重，總經理特地要求致翔經理必須徹底改善客户服務品質。

「你看，總經理都出聲了，像凱西一樣混的業務們依舊我行我素，致翔經理仍然不太聞問，而總經理只有偶爾碰到客訴時尷尬地陪不是，回到公司後行禮如儀地開個會檢討，然後事情依然這樣發生、日子依舊這樣過，什麼都沒有改變。」

海蒂原本以為廢柴只會是組織裡的少數，最多存在於基層。能擔任中階主管職、或是高階主管職，再不濟也加減有點才能，沒想到廢柴是不分階級滲透在組織內的。

＊　＊　＊　＊

其實，**不是所有爬到高層的人都智慧超群、才思敏捷、雄才大略。**有些人因為能力卓越，有些人是因為戰功顯赫，也有不少人單純因為時機對了，亦或人脈因緣、亦或能言善道、亦或趨炎附勢等非關實力因素，得以步步高升。

看透這一點，就會知道職場上很多是非對錯，真的不用指望更高階或更有才的人出來導正視聽，因為這職場雖然不乏才能兼備的領導者，亦有不少高階主管缺乏卓越的能力。

為什麼廢柴當道？因為知人善任真的沒有字面上那麼簡單。也有**可能重用廢柴的人，本身也離廢柴不遠**。**這就是部分職場的真實面貌**。

要為此忿忿不平？真的沒有必要，早早看透這一切，別讓不開心往心裡去，才能悠遊職場。在職海求生，可以做的就是接受現況；不能接受的就要試圖改變，改變不了就要考慮離開，這樣才能在職場安身立命。

改變不了又離開不了的，就只能看開了。

就不過是個工作、不過碰到廢柴當道而已。

菲女狼的狼嚎

廢柴為什麼被重用？！不用懷疑，重用廢柴的人，可能也是個珍珠跟魚目分不清的廢柴。

不用奢望有人勵精圖治、改變組織，這世界能冀望的永遠只有自己。

1.2 既可搭車，為何要在雨中奔跑？

一有機會就要力爭，太過客氣等同拉自己後腿，因為資源有限，而且通常只給爬上去的人。

大衛的故事，給我很大啓示，太過謙虛或自信不足，一點好處也沒有。這個世界資源極其有限，而資源通常只給爬上去的人，不見得給真正有實力的人。有機會往上爬時，臉皮就要厚一點、膽子更要大一點。勇敢，才能抓住機遇的瞬間。

當初，公司釋出主管職缺之際，大衛考慮再三，一來認為自己資歷尚未完全到位，二來也擔心萬一沒有被錄取面子掛不住，因而作罷。

沒想到資歷跟他不相上下的同事珍妮，很勇敢地提出申請。公司高層考核後決定予以拔擢，就這樣，同事珍妮從此成了主管珍妮。

大衛驚訝之餘，卻也認為珍妮鎮不住整個部門的運作，抱著看笑話的心態，靜觀這一切。暗忖，自己將來可能還有機會。沒想到兩年過去了，珍妮存活下來。隨著珍妮換了位子之後，不但腦袋換了，連能力也有所蛻變。

先前兩人實力在伯仲之間，如今珍妮的成長令人刮目相看。

「怎麼會？」大衛不只一次次這樣問自己。大衛自我要求極高，自認在專業領域的進修從沒有懈怠過，努力程度絕對不是珍妮可以比擬的，他無法接受兩人如今的差距。

「還記得我提過的那兩位雙胞胎鄰居姊妹嗎？」看到大衛難以掩蓋的失落，身為多年好友的我，試圖協助他突破盲點。

「她們從小到大成績一直都很不錯，不過在高中入學考試的時候，小姊姊因為急性盲腸炎病發，導致應試成績大受影響，只能就讀私立高中，沒能像正常表現的大姊姊，進入第三志願公立高中。」

我接著繼續說：「兩人上了高中之後，大姊姊就是按照學校老師編排的進度、按部就班念書。而就讀私立高中的小姊姊，很想趕上應試失常造成的落後，用功的程度遠遠超過大姊姊。」

「結果你猜怎麼了？」大衛搖搖頭。「大學入學考試時，大姊姊很輕鬆考上頂大，而用功得不得了的小姊姊成績還是落後一截，只考上還不錯的私立大學。」

我這才導入重點：「這就是環境以及資源的重要性。」

前三志願高中，享有最好的師資以及其他軟硬體資源。在那樣的環境下，自然會得到較好的教育機會。再加上同儕多半也是資質較好、成績首屈一指的學生，彼此之間旗鼓相當，更容易相互激勵並激發火花。

看著大衛有點不明究理。「這不就與你跟珍妮的狀況很像。」我進一步解釋：「原本你們實力不分軒輊，隨著珍妮職位晉升之後，就算你們還在同一間公司上班，但是所處環境跟資源都不一樣了，這也是你們拉開距離的關鍵。」

晉升部門主管之後的珍妮，進入了公司的決策圈，得以窺視公司整體營運的深層分析以及洞悉背後的關鍵因素。此外，珍妮開始參與國際性會議，有機會了解其他跨國分公司的營運課題，開闊了視野也更有國際觀。

另外，公司對於一級主管的栽培，當然不是一般員工的待遇可以比擬。除了提供經費讓珍妮自學之外，更有很多針對一級主管的跨國教育訓練規劃。況且資料分析、行政庶務等手腳工作都有部屬協助處理，珍妮可以專心致力於策略與戰術的鑽研。

雖然還在同一間公司任職，但環境卻是大不相同了。因為，接觸的世界不一樣，享有的資源不一樣，形塑了不同的知識與觀點，表現當然也有所不同。

大衛沒有不努力，不過他跟珍妮的競爭從珍妮晉升的那一刻開始，已經是個資源不平等的競爭，就像是一個人以跑步、另一個人以乘車等不同方式在競速。大衛一直努力地向前跑，不管跑得再快，最快就是腳程的極致。反觀，珍妮的進步，有組織的力量抬轎，看似沒有奮力奔跑，卻是以車速一直向前。久而久之，兩人就拉開了距離。

* * * * *

其實，若想在職場有一番作為，自己努力奔跑，當然是基本功。

不過自己奔跑畢竟時速有限，如果有機會站在巨人的肩膀上，讓組織的力量抬轎，進步會更加顯著。

所以，**有機會往上爬，當然一定要力爭。因為資源有限，而且通常只給爬上去的人**。畢竟得到資源，就等同得到了讓自己大放異彩的能量。

一顆普通的石頭如果有機會碰到匠心巧手，經過適當的雕琢也能磨光發亮，展現出獨特的亮麗與光彩。相反的，就算一塊本質極佳的璞玉，沒能因緣際會經過粉雕玉琢，外表看起來也會無異於一般普通石頭，很難顯露出深藏在其中的光亮。

不論你是頑石還是美玉，請為自己爭取，搭上資源的列車，更有機會飛奔向前、發光發亮。

菲女狼的狼嚎

資源有限，而資源通常只給爬上去的人，所以有機會爭就不要客氣。

雖說沒有傘的孩子在雨中奔跑得更快，但如果有車坐為何還要在雨中奔跑。

1.3 看不懂主管！是你沒看懂職場生態罷了！

對的理念不一定要堅持，錯的事情更沒必要立即修正。
多數高層看待是非對錯的角度，不是從組織的大局，而是自己職涯規劃的布局。

「業務主管一手遮天，總經理被矇在鼓裡毫不知情……。」

「總經理看起來是個三觀正確的人，如果知道業務們在外面胡搞瞎搞，應該會很生氣吧。」

「妳是總經理秘書，是不是應該透露點與情讓總經理知曉，不然他怎麼治理公司呢？」

身為總經理秘書，湘湘說她最害怕的就是進出茶水間了。茶水間就是公司的八卦交流站，總有不同人趁著在茶水間閒聊時跟她吐苦水，希望湘湘能扮演「上達天聽」的角色。

一級主管作威作福、基層員工哀聲載道，「一個公司、兩個世界」成了寫照。如果冀望總經理起而行改革，的確必須要讓他知道「民情」才是。

「不過，哪個部門運作失能，哪個主管無德無才，妳又不是當事人，不太好當傳聲筒吧！除了話傳來傳去容易有誤差外，萬一不小心被有心人士當槍桿使可就不好了。」我善意地提醒湘湘。

「沒錯，我也是這樣想的。所以，我特別規劃總經理在年底時跟所有員工進行一對一面談。檯面上的用意是促進總經理與員工彼此了解，檯面下則不失為員工有冤申冤、有苦訴苦的機會。至於每個人願意說到哪裡，可就不是我的事了。」

湘湘認為她已經搭起了溝通的橋樑，至於訊息能夠溝通到哪裡，就考驗著總經理與員工的互信了。

二、三個月過去了，茶水間的抱怨仍然不斷。

「湘湘妳說，總經理為什麼都沒有任何動作？」

「我又不是他，我怎麼知道。該不會是你們面對總經理時又把話吞進去吧？」畢竟，這職場，多得是背後抱怨得兇，真正給機會發言又噤聲的人。

「沒這回事。」同事們再三強調，因為機會難得，雖稱不上知無不言，但想表達的都有溫婉的陳述。總經理雖不是大破大立的個性，卻也不是毫無作為的人。怎麼後續無聲無息呢？

聽完湘湘的陳述，我第一直覺就是：「該不會是你同事說得隱晦，讓總經理聽得含糊，彼此沒有對到焦？」

「並！不！是！」湘湘搖搖頭：「我私下問了總經理，妳猜他怎麼說？」

想也知道我猜不出來，湘湘立刻為我解惑：「總經理確實清楚地接收到基層員工們對於『財務經理的能力』、『物流主管的私德』的不滿以及抱怨。他明確表示，對於這兩人能力不足、德不配位的問題，他早已略知一二。然而，他也強調目前還不到該出手的時候，所以他先！不！處！理！」

「不處理！為何？」

「誰知道他心裡在想什麼！他只跟我說『國外總公司的財務總監與物流總監都沒有作聲。』所以他打算按兵不動。」

講到這，我大概也猜到箇中緣故了。

在跨國公司當中，總經理是縱向區域網絡的最高領導者。除了總經理之外，更有以功能導向為主的橫向網絡與上級。以財務經理而言，他匯報的對象除了台灣區總經理之外，還有國外總公司掌管財務部門的主管。也就是說，財務經理跟物流主管的處置，不是台灣區總經理一個人說了算，必須要有國外掌管財務功能、物流功能的最高主管共同決策。要處理一個部門主管，是件勞師動眾的事。

「物流主管跟財務經理的作為，國外總公司的高階主管可能感受不太深，但是公司員工好像對他們意見很多，您不處理這樣好嗎？」

聽著湘湘沒打算罷休的善意提醒，總經理決定進行機會教育。「你知道我為什麼可以爬到今天這個位置嗎？靠的就是『人和』。」總經理接著說：「物流主管與財務經理都是我職場上很重要的利益關係人，在情節還沒有重大到影響公司運作時，我沒有必要跟他們交惡，所以就先這樣吧。」

對總經理而言，他的一級部屬是下屬也是利益關係人。

對於一心還想往上爬的總經理來說，處理一個部門主管，不但勞師動眾，而且未必能處理到盡如他意，實在沒有必要冒著埋下後患種子的風險出手。所以，他明知道財務主管能力不彰、物流主管私德被詬病，在沒有對公司經營與業務造成太大衝擊下，以不變應萬變，才是最明哲保身的選擇。此外，跨國組織中，未來誰會高升、誰會落馬難以預測，誰牽動著誰的發展也說不準。因此，最明智、最安全的方法就是避免得罪任何人。這樣一來，將來這些人才不致於出手阻擋自己的路。

湘湘說她聽完這段話後，就默默地退出了總經理辦公室。

＊　＊　＊　＊　＊

大抵而言，這些能夠位居高位的人，思考邏輯跟一般層級必定有所不同。

對的理念不一定要堅持，錯的事情沒有一定要更正。

因為**看待是非對錯的角度，不是從組織的大局，他們更在意的，是自己職涯規劃的布局**。

菲女狼的狼嚎

別想太多，就算貴為總經理，也是個想往上爬的上班族（創業家除外）。

在跨國公司到了一定位置後，上下級彼此合作也相互制衡。

1.4 重用草包背後的盤算！

哪些人有問題？誰又是草包？

高層們其實心知肚明，只是沒人點破就姑且當作不知情。

畢竟若不知情，就沒有必須處理的道理。

公司主管很有問題，為什麼更高層的主管置之不理？想當然爾，八成是高處不勝寒，沒人敢上報真實狀況，既然不知情，又從何處理起。

「如果有人能跳出來，告知真相與建言，身負公司營運責任的高層，必定會大刀闊斧、斬妖除魔。」我以前也是這樣想的，不過這真是大錯特錯了，有很多事情，高層們心知肚明的很，只是選擇佯裝不知情，不知情當然也就不必處理。

小蓓跟雅芯的故事，就是一個活生生的例子。

他們倆人在一間國際精品公司任職，原本直屬主管是個相當優秀的印度青年才後，後期因業務需要輪調到美國。這職位空缺沒有從內部晉升，而是在業界大舉徵才，最後從十餘個人選當中選定了傑森。

雖然沒有被晉升，不過公司對於小蓓跟雅芯也算照顧有加，兩人很是盡責地協助空降主管傑森了解公司狀況。

在與傑森交接公司業務的同時，小蓓跟雅芯漸漸地發現傑森有些不對勁，對很多事情都缺乏洞見，倒是一張嘴很能蓋，能說善道得很。

「也許是剛來不熟悉吧。」小蓓與雅芯彼此安慰與打氣。

三個月、四個月、五個月過去了，時間並沒有讓小蓓與雅芯對傑森改觀，反而益發證明先前的觀察正確無誤：傑森，十足的草包一個。

對於一位行銷總監而言，傑森的傳播知識基礎薄弱。儘管他擁有出色的口才，但由於上下層業務的緊密接觸，再加上小蓓和雅芯皆為科班出身，從基層做起累積豐厚實務，兩人很迅速就確認了傑森在策略思考和市場判斷方面相對不足。

底子薄弱若竭力投入也可能有一定成長。不過，傑森不是一個做功課的人，不花時間了解市場狀況背後的脈絡，也不深入熟悉公司品牌的歷史文化，都已經加入快半年了，連公司首席設計師的名字都搞錯。在思考品牌的操作時，總是提出比較偏向快速消費品酷炫、話題式的手法，忽略了公司的品牌與品類講求文化底蘊，需要更深度的溝通。

底子不扎實、不願意投入，如果願意廣納建言，還是有機會做出一番成績，但是偏偏傑森長著一對「硬耳朵」，做事喜歡憑個人感覺與偏好。

若說能力問題，判斷基準見人見智，但是操守問題，標準可就沒那麼分歧不一了。傑森令人詬病的還有操守問題，他常常「強烈推薦」下屬採用他熟悉的廠商，即使那廠商品質沒有比較好，價格也貴了好幾成。

自從傑森進入公司後，許多小蓓和雅芯認為不合情理的事情接連發生。幸運的是，在傑森之上，有一位美籍總經理，他以嚴謹的態度把關，使得公司未發生過多太離譜的事情。

直到一日，傑森拿著一份小眾媒體的年度報價單，要小蓓、雅芯的品牌個別分擔近百萬的費用，正義感十足的兩人才忍無可忍，向總經理發難。

這小眾媒體主要閱聽眾是四十五歲以上的男性，而小蓓負責品牌的主力消費者為二十五歲至三十九歲的女性，雅芯旗下品牌溝通的則是二十歲到三十五歲的年輕人，不管橫著看、豎著看，都是不適切的媒體投資。

「他真的太瞎了。」小蓓、雅芯找上美籍總經理申訴。兩人在這家公司資歷都已經超過六年，美籍總經理誠信正直，彼此之間開誠布公的信任基礎還是有的。

「我們說的都是實話。」怕是總經理不信似的，小蓓開始列舉傑森的荒唐行徑，包括不專業的品牌操作，以及明目張膽的利益輸送。

美籍總經理先是想解釋些什麼，但是還是靜靜地聽完兩人一股腦兒的訴苦。

雅芯跟進：「他呈給您的案子，有些被您都退回了，您應該也感受到問題了對不對？」

話都說到這份上了，不正面回應似乎不行了。「你們說的狀況我都了解，他的能力的確是不足。不過，既然已經把他招募進公司，讓他成長是我的職責所在，我目前正在積極地訓練他。」

公司又不是沒有資遣過不適任員工。況且，先前被資遣的人，情節都還沒有傑森這樣荒唐與情節重大。總經理這話，只能說服三歲小兒。

「以一個行銷總監來說，他的程度確實不夠。」

「您為什麼找個這樣的人當我們主管？」

「都快半年了，也看不到他有什麼進步啊。」

「更何況他還圖利特定廠商耶！」

「業界真的沒有其他更好的人選嗎？」

不了解一向正直嚴謹的總經理為何偏袒專業度不足、私德有缺陷的傑森，小蓓、雅芯七嘴八舌地說服總經理。

就在小蓓跟雅芯你一言、我一語中，總經理深深地嘆了一口氣，這才道出了實話：「他的確很有問題，而且問題不是普通的大，但是更換行銷總監對一間跨國公司來說是一件大事，有可能連我都會有事。」

這段真心話，才讓小蓓與雅芯安靜了下來。

「傑森是由我這裡舉薦上去，經過亞太區各級主管面試通過的，其中牽涉到的層級太廣了，不是說換掉就能輕易換掉的。」總經理幽幽地說：「我會盡我的能力，把他不足的能力訓練好，也會需要你們兩位比較了解公司運作的小主管盡力輔佐他。」

小蓓跟雅芯在向我陳述這段對話的同時，語氣除了滿腹無奈之外，又有著恍然大悟的覺醒，沒想到這個世界居然是這樣運作的。

＊　＊　＊　＊

後續，我聽到的故事發展是這樣的。

總經理有訓練這位行銷總監嗎？有的。

事情有解決嗎？並沒有。如果訓練一個行銷總監那麼容易，當初也就不用大舉徵才了，更何況還有江山易改、本性難移的操守問題。

總經理有差嗎？當然也沒有，因為他是外派的，不久後也被調往其他國家了。

就一個全球性的跨國公司而言，更換行銷總監的確是大事，更何況這個行銷總監可是經過亞太區好幾個高官遴選出來的。

新任行銷總監若不適任，當初任用他的總經理識才、選才的能力馬上就會被質疑，嚴重的可能會影響總經理未來的仕途發展，所以**多一事不如少一事**。更何況當初看走眼的，還有亞太區總裁、全球行銷總監等人。如果要承認這新任的行銷總監有問題，往上呈要處理這個人，豈不打臉了這一竿子高官。

反正，美籍總經理是外派來台灣的，輪調到其他國家是必然，他只要看著傑森在自己任期內不要出大亂子，他就過關了。等到他輪調到其他國家，傑森的問題，就會是下一任總經理的問題了，而不是他的了。

菲女狼的 狼嚎

很多公司鳥事，主管不是不知情，是根本不想知情。

對高階主管而言，與其承認自己識才能力有問題、傷及自身前途，還不如將錯就錯，繼續重用草包。

1.5 無效行銷其實有效?!

浪費資源的無效行銷，為什麼不會被檢討？

因為，你認為的無效行銷，也許對他人來說很有效。

原因在於，你完全弄錯行銷對象究竟是誰?!

翩翩一直不明白，敏華都做公關這麼多年了，就算程度再差，會看不明白這場記者會根本沒有新聞性？也沒有辦的必要嗎？

「你是公關公司出身的，你覺得巧克力風味新品上市，有很特別嗎？值得大張旗鼓地辦一場記者會嗎？」也是公關出身但已經轉調業務部門的小雅，攔住了剛進辦公室的翩翩問，顯然她也有同樣疑問。

翩翩搖搖頭：「如果議題沒有設定好，隔天新聞披露可能都不會提到品牌吧！最多就只有代言人拿著產品亮相的新聞照，以及舞台背板上的品牌識別（LOGO）。

情況如果再差一點，有可能媒體刊登的是代言人獨照，然後背板的LOGO都被馬賽克了……，連到底是哪個品牌辦記者會，閱聽眾都看不出來。」

「一場有一線代言人出席的記者會，排場沒花個百萬少說也要七、八十萬的預算。你說，敏華為什麼堅持一定要辦這場記者會啊？」敏華是公司的公關主管，對於這場記者會異常堅持到了一意孤行的地步。

「我跟他的腦迴路走不同路數，哪裡會知道他在想什麼啊！大抵是消耗預算吧。」雖然對於這場記者會不以為然，不過，事不關己、己不勞心，翩翩沒有細細探究。

記者會當天， 現場來了將近四十位記者，以假日場來說還算踴躍。

不過，主跑公司新聞的消費線記者寥寥可數，現場出席的媒體多是媒體購買公司主導而來的電視台業配出機[1]，以及娛樂線記者，誰叫代言人是天后等級的一線女演員呢！

一如既往，如果沒有好的議題設定或者話題性包裝，一個本就是低關心度的品類，再加上尋常無奇的新口味上市，引不起太大的波瀾。所以，總經理在台上致詞說了什麼，根本沒有媒體要認真聽。不過，公司同事們以及承辦記者會的工作人員們很是乖巧，在總經理致完詞時，全部都舉起雙手，卯起來熱烈地鼓掌。

輪到天后代言人聯訪時段，情況大相逕庭。媒體記者們蜂擁擠上前，你一言、我一語爭相詢問她近期要上檔的新戲，以及與劇中男演員的吻戲是否假戲真做，提問持續好久欲罷不能。

隔天一早，翩翩人都還沒到公司，就已經收到小雅迫不及待傳來的新聞連結。「你看看，新聞露出很多，不過幾乎都沒有提到品牌還有新產品耶……。」

點進新聞連結細看，大部分披露都在報導天后代言人受訪時提及的，在拍一場跟男主角你追我跑的戲時，不慎滑一跤受傷的糗事，直說去年真是倒楣年，許願新的一年否極泰來。至於提及品牌或者有產品出現的報導，寥寥無幾。

「新聞幾乎沒有品牌露出，等於是出資百萬贊助代言人辦了一場媒體見面會。」小雅的見解很中肯。她又接著問：「你猜敏華經理跟公關部會不會受到懲處啊？」

翩翩斬釘截鐵地回答：「不會。」

「為什麼？這場記者會完全沒有宣傳效果啊，等同是把百萬預算丟到大海裡，卻沒有掀起對等效益的漣漪耶。為什麼不會受到懲處？」

「因為這些對品牌言不及義的報導不會出現在總經理面前，分享給總經理看到的一定是少數有報導到新口味上市的新聞啊。」

停頓了一會，翩翩分享了最新的觀察與體悟：「而且，這場記者會最主要的關鍵績效指標 KPI（Key Performance Indicator）昨日現場就已經達標。之後的媒體披露只是錦上添花而已。」

＊　＊　＊　＊　＊

總經理甫上任，過去又從未涉及行銷、公關領域，記者會成效的好壞，自然是公關主管敏華容易操弄的。

其次，總經理在記者會現場受到了巨星般的對待，穿得西裝筆挺上台在媒體面前致詞、享受著歡聲雷動的掌聲，以及閃爍不停的鎂光燈。站在看似衆人擁戴的舞台上，人，沒有不飄飄然的。再加上，記者會結束後，敏華經理特別商請天后代言人留步，安排總經理到後台與代言人合影留念、閒話家常。能與女神級人物親密互動，總經理現場笑得合不攏嘴，心花還不朵朵開！

總經理的情緒搞好了，媒體披露什麼的哪還有那麼重要。所以，翩翩才會說，在媒體報導還沒有產出之前，這場記者會的 KPI 就已經達標了。

記者會的主要目地是創造新聞披露與目標消費族群溝通，主要 KPI 是媒體披露的量跟質，這是一般人腦迴路的思考模式。有些人看著他專業能力普通，卻能一路晉升的，腦迴路真的有異於常人之處，特別懂得審時度勢。我們抑或義憤填膺、抑或輕視不齒他人的無效行銷，會不會是自己道行太淺了?!

無效行銷其實有效?!

因為**這行銷的對象，從來不是消費者也不是客戶，其實是老闆**。這個行銷的目的，不是要提高產品知名度與銷售，而是強化自己在老闆面前的好感度，為自己的升官進爵鋪路。

那天，看著總經理穿得趴哩趴哩，在台上流露的意氣風發，以及跟天后代言人互動時眼底的璀璨，翩翩忽然看懂了。

你以為的無效行銷其實很有效！

1. 媒體購買公司指專門從事媒體購買和廣告投放的代理商。因為握有大規模的廣告預算，因此在客戶有媒體活動時，媒體購買公司可以要求電視台新聞部出動記者與攝影機台，採訪報導客戶活動，以爭取媒體曝光機會，此行為稱為業配出機。業配出機的標準並非活動新聞性的強弱，而是廣告預算投入規模的大小。

菲女狼的**狼嚎**

正常的腦迴路讓人明辨是非，異常的腦迴路助人升官進爵。

盤算不同，你明裡懷疑對方瞎的同時，對方可能暗裡竊笑你才傻。

1.6 老闆永遠不會是你的夥伴或朋友！

對老闆而言，有人觸碰了逆鱗，他若不出手處理要如何立威、領導公司？不管那人是一般員工，還是陪他一路走來的好友或創業夥伴。請記住，老闆永遠是老闆，永遠不會是你的夥伴或朋友！

莎莎是我在公關公司時期的同事。她的學歷出眾、學習力強，加上肯為工作打拚，不出五年，就成為重點扶植的新生代。

那時，莎莎研究所同學得聖的新創團隊，不斷地邀請莎莎加入。禁不起對方高度誠意的再三請託，莎莎捨棄了優渥的薪水以及看好的前景，踏入一個具有風險的未知旅程。

沒想到數年之後，迎接莎莎的是真心換絕情。

「Eric 即日起加入公司，擔任公關行銷部總監。」總經理得聖在周一的例會上介紹了新加入的一級主管，同時也佈達了最新人事命令。所有人投以熱情掌聲歡迎Eric總監的加入，氣氛熱烈非凡，唯獨莎莎心臟彷彿像被重重一擊般，有即將窒息之感。

莎莎為公司的公關經理，在Eric總監加入前，莎莎是部門最高主管。而公司任用公關行銷總監一事，事先沒有透漏半點風聲，她直到會議上公布的這一刻才知曉。莎莎之所以心寒不是沒有原因的，因為公司的歷史有多久，莎莎就在這裡任職多久。別忘了，當初她還是被三顧茅廬請來的。

公司創業初期，儘管團隊對於有機、環保、自然的品牌理念極具信心，不過快速消費市場競爭激烈，在草創時期資源匱乏的形況下，一個默默無名、又沒有廣告預算的品牌，要在市場上爭取能見度，挑戰非常的大。

所幸，莎莎是公關議題操作的能手，能充分運用得聖的背景與創業理念做文章，規劃成一波又一波的新聞披露。

「長春藤名校情侶檔捨棄外商百萬年薪投入有機事業。」

「引進國外最新栽種、萃取技術，科技新貴情侶檔勇敢投入陌生領域創業。」

「天然有機當道，對的事情沒有不做的理由，科技界神鵰俠侶勇敢創業。」

幾波成功的操作，為這個剛創立的公司與品牌爭取了眾多的新聞露出，也在社群上引起了不少話題討論。品牌的理念與訴求與時下的趨勢符合，再加上成功議題操作、積極推廣活動，逐漸吸引許多理念相同的信眾。

第一支清潔用品在市場上反應不錯之後，接著推出的保養品系列，因為顛覆傳統的觀念，在年輕女性之間引起廣泛的討論，銷售上也有了很好的反饋，在市場上站穩了腳步。

很多夫妻可以同甘不能共苦。但對創業夥伴而言，共苦很不容易，同甘卻面臨更多的挑戰。

「這系列產品的溝通主軸，應該以成分為核心訴求。」

「與通路品牌的聯名商品開賣前，我們來舉辦個盛大的記者會。」

「為什麼不請幾個女網紅為新品項開箱？」

隨著事業越做越大，得聖對於品牌操作有越來越多的想法。但在科班出身、又有多年實務經驗的莎莎看來，那些想法都不夠成熟與全面。

食君之祿、忠君之事、擔君之憂，莎莎一路看著得聖創業不易，再加上這屬於自己的專精領域，哪有得聖想法不適切、她卻默不作聲的道理，儘管這些發言與得聖的意見相左。

「感性情感訴求比較能打中消費者 Insight。」

「我建議體驗行銷更有實際效益。」

「大規模的消費者試用才能創造擴散的口碑效益。」

不知道從什麼時候開始，兩個人之間種下了心結，這個心結隨著時間發芽、開枝、散葉，而有了得聖未事先告知，就擺了個頂頭上司管理莎莎的舉措。

「莎莎，日後有關公關以及行銷活動，你就直接向 Eric 總監匯報。」淡淡的一句話，卻有千斤般的重量，粉碎了原本以為能合作無間的友誼。

＊＊＊＊＊

莎莎認為她與得聖既是同學、又是多年好友，更是一路走來的創業夥伴，理應肝膽相照，知無不言、言無不盡，才不枉得聖的信任與重用。然而，卻在不知不覺之間失了分寸，觸碰到得聖的逆鱗而不自知。而在得聖的眼裡，儘管有好交情、儘管是公司開國元老，但眼下莎莎就是員工，自己才是老闆。他若不立威，何以領導公司、管理組織，驅動事業向前。

不容有人挑戰自己的決策與權威，不管那人是一般員工，還是陪他一路走來的好友或創業夥伴。結果就是，不管是基於組織成長、業務擴張的需求，還是只為了挫挫莎莎銳氣而下的殺手，形成了今日讓莎莎難堪的局面。

「我本將心向明月，奈何明月照溝渠。」莎莎本身就是業界相當資深的公關人，在她上面擺了公關主管，讓她情何以堪。不久後，莎莎離開了這個她一路守護成長的公司。

也不算是全然沒有獲得，至少，莎莎看清了這一點。

老闆永遠是老闆！他永遠不會是你的夥伴或朋友！

菲女狼的 **狼嚎**

即使原本是朋友，當了你老闆之外，也不再是朋友。

不論職場與人生，最不值的就是，你的明明為他好，成了他跟你反目的緣由。

1.7 州官放火不會死，百姓點燈就遭殃！

職位低階的，犯了錯很容易出事。
相反的，只要職位夠高，瞞天過海、一手遮天都不是難事，
更何況大事化小、小事化無。

「妳知道嗎？我放在公司裡的物資居然被偷了！」小嵐在說這件事情時，心境其實沒有太大的波瀾。

「你們公司有監視器吧？調出監視器，東西是誰拿的就無所遁形了。」我這樣建議，公司裡有小偷實在不應該，所幸要揪出誰是宵小應該不難。

「我們總經理原本也很嚴正地要我徹查。不過，我懟了他一下之後，他就再沒要我追究此事。」原來，從事露營休閒用品產業的小嵐，從國外進口了三十六盞印有品牌識別（LOGO）的巨型露營燈，用來陳列在露營用品專賣店作為品牌展示用。

只要進貨量達到一定份額的專賣店，就可以免費獲贈一盞。

達到小嵐設定進貨目標的露營專賣店有三十五家，由於只剩下一盞巨型露營燈沒有送出，就沒有特別調撥回公司的總倉，一直放在行銷部的櫃子旁邊。

一盞一百二十公分高、特殊規格的巨型露營燈，整箱包得好好的放在行銷部收納櫃旁邊。某天早上，小嵐進辦公室坐到座位上時，隱約覺得哪裡怪怪的，仔細一瞧才發現放露營燈的地方空了。小嵐問了左鄰右舍，沒有人注意到那盞燈什麼時候不見了。居然有人登堂入室，在她眼皮底下把東西拿走了。

不告而取謂之偷！小嵐當然覺得這樣的行為很不可取。不過有需要為了一盞成本二、三千元的露營燈勞師動眾調閱監視器，把全公司同事都當賊嗎？況且，是自己把燈放在行銷部公共區域，沒把它鎖在櫃子裡，能怪誰呢？

再說，這燈進口的目的，就是用來贈送露營用品專賣店的。一盞一百二十公分高的巨型露營燈，放在露營專賣店等商業空間展示，很是顯眼吸睛。但如果要拿回家放，小嵐都嫌它體積過大、太佔空間。會對這巨型露營燈有興趣的，極有可能是公司負責露營用品專賣店的業務，拿去送給沒有達到業績目標、但又很想要這盞燈的店家作客情。

這事件過了好一陣子之後的某天晚上，小嵐陪著總經理應酬完準備到酒吧小酌一番，恰巧途經某知名露營用品專賣店。看到店家櫥窗就陳列著自己當初進口的巨型露營燈，小嵐心情很是興奮，特別指給總經理看。那時，小嵐不曉得腦子抽了什麼風，居然主動跟總經理提起那批露營燈當中有一盞不翼而飛的事件。

公司有賊！事態嚴重，一向溫和的總經理態度忽然硬氣了起來：「公司怎麼會有同仁做出這種事情，真的是太不可思議。」然後，千叮嚀萬交代：「此風不可長，千萬不可縱容，你要好好地徹查。」

「徹查？徹查什麼？」小嵐那時酒過三巡，大概是喝多了，膽子也大了，一時沒管住自己的嘴，居然就跟他說了心底話。

「你的採購經理在處理通路輔銷物 POSM（Points Of Sales Materials）的發包時，固定都只發包給跟他私交甚篤的特定廠商，明眼人都看得出來這是私相授受，你不徹查那個大筆的，卻要我去查這一盞不到三千元的燈到哪裡去？你認真？」

「那麼大體積的巨型露營燈，送我拿回家我都嫌佔空間，拿走的八成也是拿去送給進貨沒有達到門檻的專賣店，目的在經營客戶。比起動輒上百萬的 POSM 發包未遵守採購流程，這情節怎麼樣看都比較輕吧。」

反正該說的、不該說的話都說出口了，小嵐藉著酒意、膽大包天的把話給說到底。「你認真要放大捉小，要我把拿走露營燈的人揪出來嗎？你認真，我就查。」

小嵐向來快人快語，不過走跳職場多年，從來也不是白目到會把骯髒事拿到檯面上說的人。此時的這一番言論，顯然大大出乎總經理意料之外，讓他一時不知如何接招。

隨後，是兩人之間的一陣靜默。

就在氣氛尷尬到極致的同時，所幸酒吧裡熟識的酒保拿來一排 Shot[1]，找兩人一起乾杯，接著大家聊開酒吧近來發生的趣事，完全轉移了話題。

「後來，你們總經理有要你再追查此事嗎？」我很好奇後續發展。

「我原本也以為他會再找個時機要我好好徹查此事，找出究竟是誰拿走了那盞巨型露營燈，畢竟他都說了『事態嚴重、此風不可長、千萬不可縱容』啊。」小嵐語氣帶著幾分戲謔。

＊＊＊＊＊

不過，從此之後總經理沒有再跟小嵐提起這件事情。彷彿，那一晚的對話，從來沒有發生過一樣，就像消失的那一盞燈一樣，像是從來沒存在過。

可能因為怕小嵐在徹查那盞燈去向的同時，不小心打開了他不想打開的潘朵拉的盒子，讓他不知如何收拾善後，索性就當作沒這回事，大家至少都相安無事。

看到沒有，這就是職場。

職位低階的，犯了錯很容易出事。但只要職位夠高，瞞天過海、一手遮天都不是難事，更何況大事化小、小事化無。誰叫這官場、職場，向來都是只准州官放火、不許百姓點燈。

就說人一定要往上爬，爬得越高不但多半不會摔得越重，位階、權勢、人脈的累積，還會成為一層又一層的護欄，保你越來越安全。畢竟，潘朵拉的盒子不是每個人都敢打開的，即使貴為總經理也一樣。

1. 在酒吧裡面，「Shot」指以小杯形式供應，讓人一口飲用下去的酒精飲料。通常使用高濃度的烈酒，如威士忌、伏特加，使人快速感受到酒精的效果，短時間內增添社交氣氛（※禁止酒駕，未成年請勿飲酒）。

菲女狼的狼嚎

爬得越高，防護安全的護欄、護墊就越多，哪裡會摔得越重！
潘朵拉的盒子，還是不要隨便開的好。

Chapter 2

你以爲的不是你以爲，突破盲點才知如何作爲

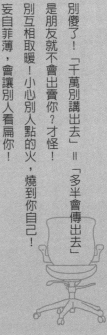

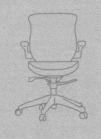

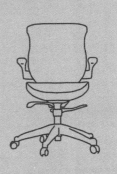

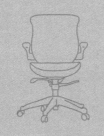

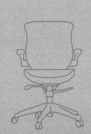

2.1 別傻了！「千萬別講出去」＝「多半會傳出去」

每個上班族都需要「談資」！
所以還有什麼比流竄在同事間的八卦，更容易引起好奇的話題呢？

「我真的沒有想到跟離職員工面談時隨口一句『如果新公司有好的工作機會，麻煩也幫我注意一下』的玩笑話，讓我在公司由紅轉黑。」東寧苦惱地分享他最近的倒楣事

東寧是上市公司的人資經理，主要負責人才招募、任用、訓練、離職等業務。員工的滿意度與離職率，都牽涉到他的考績，因此每每有職等較為資深的員工離職，他都會進行離職面談，並將面談結果做為考核各部門主管、改善公司治理的參

考之一。

薇雅是公司新招聘的電商部門小主管，任職才短短一個多月就提出了辭呈，直屬主管慰留不成，於是進入了東寧的離職面談程序。

「可否讓我知道你離職的主因是什麼呢？有什麼人為難你？或事情困擾你嗎？也許我們可以調整或加以改變。」東寧仍試圖慰留。

「我找到新工作了。」薇雅倒也是坦承。

「相信當初你是喜歡這份工作才加入公司的，公司的待遇、福利還算不錯，你過去的職涯紀錄也很穩定，看起來不是會輕易放棄的人，你非走不可的原因究竟是什麼呢？」就算慰留不成，東寧也必須搞清楚原因。

才加入公司不久，而且都已經到離職面談這份上了，薇雅並不想對部門主管以及公司體制有過多評論：「我要去的公司是非常賺錢的外商，保障年薪十六個月，另外還有年中績效獎金，所有彈性放假都不用補班……。」

不想向東寧透露，部門主管挖東牆、補西牆的帳目處理，才是她離職主因。薇雅不斷吹噓未來公司的薪資、福利有多優渥。薇雅的一番吹噓，吹到東寧都起心動念了。他也就隨口說了「如果新公司有不錯的機會，請幫我留意一下。不過，記得要保密喔。」這本不應該開的玩笑話，竟在公司掀起軒然大波。

我搖搖頭：「這就是你不對了，身為人資主管，實在不該說出這樣的話。」

「我原本認為，不論誰聽到這句話都會覺得它是個玩笑話，應該無傷大雅。」東寧解釋著當初為何口無遮攔。此外，薇雅到公司才一個多月，還沒來得及跟同儕建立深厚交情。他們的交談，應該傳不到其他人那去。

壞就壞在公司本身就是個八卦交流站，東寧太小看人跟人之間的傳播力，以及消息竄流的速度之快。

雖然薇雅在公司任職時間不久，不過上任時剛好碰上電商後台系統出狀況，因此花了不少時間與資訊部門進行系統串接，意外地跟威利與小雪建立了小交情。在最後上班日的中午，她特別約了兩人餐敘。

在這場告別餐敘，大家你一言我一語，討論東寧經理出馬慰留，即表示公司相當看重薇雅，請薇雅再三思考是否續留。薇雅忍不住地回嘴：「拜託！東寧還請我在新公司幫他看看有沒有工作機會，他自己都這樣三心二意，我怎麼有可能被他慰留啊。」

消息傳過來、傳過去。

「聽說東寧在找工作！這樣，他說待在公司多有前景的話能信嗎？」

「他自己都在找工作了，還不斷慰留想離職的同仁們，是不是很過分？」

「然後事情就是這樣一傳十、十傳百，傳得我好像真的在找工作似了。」東寧描述著事情發生的經過：「更糟糕的是，居然傳到我主管耳朵裡去了。」

負責徵才的人資經理自己在外面找工作，還傳到人盡皆知，這下可尷尬了。

「你主管約談時，你怎麼說？」我有點擔心東寧情急之下又失言。

還好，這次東寧咬著牙打死不認，態度堅定的說一切都是謠言誤傳。不過，我想，東寧在高層面前的印象分數，已經大大被扣分了。

＊＊＊＊＊

職場當中，組織裡的親疏遠近往往不是表面所呈現。有時候，風馬牛不相干、沒有業務往來的兩人，可能私交極好也不一定。所以，往往存在著想像不到的傳播路徑。

再者，上班族都需要「談資」去建立自己的人脈網絡，或為無聊的上班生活增添小亮點。比起遠在天邊的政治、娛樂消息，同事們的八卦更具有臨場性與關聯性，還有什麼比這個話題更容易引起共鳴呢？

明明就千交代、萬叮嚀不要說出去，對方看起來也是個信守承諾的人，為什麼消息還會走漏？

就像薇雅一樣，原本沒有要故意傳播她跟東寧的對談，但就是會有一百個非講出去的理由以及情境發生，讓人「不得不吐不快」。因此，**即使對方看起來誠實可靠、信誓旦旦地承諾，不想讓別人知道的事情，還是把嘴巴閉緊、不說的好。**

菲女狼的狼嚎

通常交代別人千萬別傳出去的事情，更有傳播價值以及話題性，大家也就更有傳播動機。

想要傳播又不好意思自己到處說的事，只要告訴三個人並交代對方不要說出去，事情很快就會變成公開的祕密，也算是逆向操作的一種。

2.2 是朋友就不會出賣你？才怪！

小心你的秘密成為他人拓展人脈的談資；你的軟肋變成同事邀功請賞的利器。切記，越是親近你的人，越有機會抓住你的小辮子！

我一直認為，不想讓別人知道的事情，講都別講。自己都守不住自己的秘密，還能指望別人嗎？

所以當小媛氣急敗壞地訴說被萱萱出賣了，我一點都不意外。

企劃部小媛與業務部主管阿凱祕密交往三個多月了，因為是辦公室戀情，又是不同部門的上下級關係，雙方交往十分低調。再加上一直以來，兩人代表各自部門立場，多次在會議上言語針鋒相對，沒有人料想得到檯面上看似不對盤的兩個人，私底下居然會來電。整個辦公室沒人知道他們交往，除了小媛同部門的同事萱萱之外。

公司向來不鼓勵辦公室戀情，更何況小媛與阿凱身處於立場不同的部門，以至於小媛雖然與萱萱私交甚篤，也沒打算讓她知道戀情。熱心的萱萱先前得知小媛感情空窗期長達四年之久，就不斷幫忙牽紅線，只不過小媛跟萱萱介紹的對象們都沒看對眼。最近，萱萱又開始積極幫小媛物色新對象，小媛一反常態地拒絕，讓萱萱感覺事有蹊蹺，「案情」並不單純。

禁不起萱萱一再詢問，小媛只好透露正在跟阿凱交往，請萱萱別再為了幫她找對象費心。不過，因為企劃部跟業務部向來立場相左，不時有些激烈的討論與交鋒，為了不讓企劃部主管以及其他同仁們覺得她「叛變」了，小媛一再要求萱萱保密。

為此，萱萱還特別拍了胸脯，信誓旦旦地說自己不是大嘴巴。

然而，不想發生的事情還是發生了，小媛跟阿凱交往的事情傳到整個公司都知道了。大家檯面上沒有說什麼，不過包含部門經理在內的企劃部同事，對她的態度有了微妙的轉變，部門會議裡討論起業務部相關話題時，大家開始語多保留，不再毫不避諱、口無遮攔。

把話傳出去的，就是跟小媛頗有交情，再三拍胸脯保證的萱萱。

事情就發生在企劃部文杰經理出差後回到辦公室的第一天，他與較資深的萱萱會議，關切出國期間部門的情況。「我不在的這二個星期，企劃部跟業務部劍拔弩張的氣氛有改善嗎？」

「有的，您請放心。」文杰經理不在公司期間，企劃部就屬萱萱為最高階級。她要讓文杰經理知道，她善盡職務代理人職責，更要趁這機會好好邀功。「之前幾個品牌經理認為業務部在通路的拓展與品牌的走向不同調，我召開了幾次協調會斡旋，目前已經建立了初步共識。」

「我怎麼聽說先前一直意見不合的小媛與阿凱，最近在會議上還是爭論不斷？」文杰經理沒有完全採信萱萱的說法。

「他們在會議上常常有激烈的討論，不過都還算是良性的互動，我想應該不用太擔心。」這時，萱萱還堅守著對小媛的承諾，沒有打算宣傳她的戀情。

「你身為部門內的資深人員，在跨部門溝通時，應該適時地出聲，適時地協調。不要老讓小媛單打獨鬥，這樣對一個基層員工來說壓力太大了。」言下之意，似乎是對萱萱的管理有些不以為意。

竟然有人跟經理打小報告！萱萱研判早一步跟經理打小報告的人，可能也沒少說自己的是非。

萱萱感到有些委屈。小媛多少也是仗著阿凱是男友，在會議上才會肆無忌憚地暢所欲言。小媛與阿凱在人前「兵戎相向」，吵得不可開支，私底下卻甜甜蜜蜜、如膠似漆。結果反倒讓不知情的人以為，在部門衝突當中，都是小媛「身先士卒」。反而是身為小主管的萱萱保持緘默，沒扮演該有的角色。

為了避免文杰經理認為自己不作為，同時防止文杰經理從別的途徑得知小媛與阿凱交往，進而誤會自己對部門狀況掌握不佳，萱萱決定主動揭示兩人的戀人關係。

「他們兩個沒事的，不但沒事，而且還好得很。實情是兩個人私下正在交往。

會議上的衝突。搞不好都是為了掩人耳目演給大家看的。」為了不讓經理覺得自己無能，萱萱不但全盤托出，還不忘添油加醋了一番。

就這樣，原本以為保密到家的辦公室戀情變得人盡皆知，還成了同事們茶餘飯後揶揄的話題。

* * * * *

不論是出於消極的自保，還是積極的獻媚，多數人在職場上往往**為了趨吉避凶無所不用其極，至於別人處境的顧及，從來就不是重點選項，不論關係多好都一樣。**

關係不好，不容易知道你可以讓人拿捏的把柄。

關係好，才有機會知道你的秘密或軟肋。

你的秘密，可能正是他人拓展人脈的談資。你的軟肋，可能正是別人邀功請賞的利器。而且，越是交好、機會越高。

菲女狼的 **狼嚎**

沒有實質幫助的關心，都是無用的東西。

沒有必要為了無用的關心，自曝罩門與弱點。

2.3 別互相取暖！小心別人點的火，燒到你自己！

耳根子軟、意志薄弱的你，往往最容易被取暖的火燒到……，別人的負面情緒不干你的事，聽多了卻可能要為此買單。

「你知道我們公司『彈性放假』要補班吧？」愛佳翻了個白眼，一副生無可戀的表情：「所以，本周六，我！們！要！上！班！」

元麗先前的工作經驗都是在外商，公司管理與上班氛圍都較本土企業自由開放許多。同部門的資深同事愛佳，很熱心地扮演「小天使」的角色，提點她許多公司的大小事。

新公司是上市櫃公司，整體來說制度與福利，都是依照勞基法並略優於勞基法，跟一般中小企業相較，已經有過之而無不及，但比起外商還是差了一大截。

不過，每個人對職涯的規劃有所不同，有的追求職位的晉升、職能的提升，也有人著重人脈的培養、領域的擴張。元麗認為新工作可以讓她跨出台灣，建立海外市場行銷經驗，這些是先前的公司無法提供給她的。與獲得相比，上班氛圍輕鬆與否、管理風格是否老派、福利結構好壞優劣，都不是她最在意的。既來之，則安之。元麗任職前已經做好不比較的心態。

倒是對同事很是熱心的愛佳，雖然已在公司服務超過二年，對公司的福利制度仍不以為然得很，茶餘飯後便會拿來跟同事討論一番。

「我特別去查了公司前陣子發出的新聞稿，今年前三季累計營收達二百六十億元、稅後盈餘逼近十五億，公司明明就超賺錢的，為什麼對基層員工還這麼小器。」

「公司對員工很小器嗎？」現階段，元麗對職能發展的重視多過一切，加上也初來乍到，不清楚公司相關規定，就沒有花心思研究福利政策。

「你在前公司時碰到颱風假，會像公司一樣要扣薪水嗎？」

「嗯，不會耶。我們現在要扣？！」

「你以前出公差，一定要開公務車或坐大眾捷運系統嗎？」

「不會耶，市區就坐計程車，外縣市看行程做高鐵或是包車。」

「你前公司端午節或是中秋節應該有送員工粽子或月餅吧？我們公司什麼都沒有耶。」

「我前公司不送禮品，直接發半個月獎金。」

元麗跟我回憶起這段過往時，已經想不起來當時怎麼耳根子這麼軟，竟然完全被愛佳影響了心境。

我印象中，元麗極度追求專業上的自我成長，對公司福利制度這些「身外之物」向來不太在意。不過，因為與愛佳朝夕相處，元麗經常在兩人的一問一答之間，認同了愛佳的觀點，也開始批判公司的福利制度。

元麗說，接下來的日子，她開始自我懷疑，當初怎麼會捨棄環境、福利都較好的外商，來到這個雖然已經上市櫃，福利只能算一般般的本土企業。

「當初是不是做錯決定了？」元麗一次又一次的問自己。

這些想法像種子一樣埋在心裡。偶爾，愛佳不滿公司言論來灌溉一下，元麗工作上的挫折情緒來施肥一下。懊悔的種子很快就萌了芽，甚至長了葉。

懊悔像藤蔓一樣，一圈一圈地纏繞著元麗，讓她每每進辦公室就覺得快不能呼吸。她開始討厭工作、厭惡主管、憎恨公司。

最後，元麗的負面情緒已經義憤難平，只好在獲得一份不怎麼樣的工作之後就選擇離開。畢竟，中秋節連月餅都不送的公司，哪會是什麼能待的公司！

元麗反思怎麼就忘了當初加入這公司的初衷，主要在於獲得國外市場的操作經驗，以提升自身職能與拓展視野，並非僅僅為了更好的福利。她回想起這一切時十分懊惱：「況且，我任職時談的是年薪，待遇並不比在前公司差。更好笑的是，我不愛吃粽子、月餅的，到底幹嘛為這些跟公司置氣呢？」

「那你那位很討厭公司的同事呢？」我超好奇。

「她還好好的待在原本的崗位上呢。」這個答案倒也不讓人意外。

那位「熱心助人」的同事愛佳雖然滿滿的負面情緒，卻是一邊嘴裡批判著公司，一邊安穩在原本岡位上她的班、領她的薪水，甚至還因為元麗的空缺遲遲無法覓得合適人選，在愛佳兼任了幾個月後，而有了晉升的機會。

元麗與愛佳的故事屢見不鮮。

＊　＊　＊　＊　＊

不知是出於人格特質的無心之舉，還是經過算計的有意為之，職場上，像愛佳這樣的人不在少數。這些人往往是打死不退，永遠不會離職的人，但卻造成很多人離職。

同事聚在一起批評公司，就好比寒冬裡點火、互相取暖的行為。適可而止，可以得到慰藉與繼續往前的力量。若是逾分或過度，火有可能越燒越旺，溫度高到傷人。最無辜的就是，點火的人沒事，卻燒到幫忙添柴火，或只是順道取暖的人。

耳根子軟、意志薄弱，最容易被取暖的火燒到；即使意志再堅強的人，也難免

因此憑添負面情緒。

避免無端被互相取暖的無名火燒到，遠離不時傳遞負面情緒的人，是最安全的作法。

菲女狼的 狼嚎

職場哪有盡如人意，適度抱怨有益心理健康、過度抱怨就傷己傷人。所以，互相取暖，保持舒適恆溫就好。

可以不用容忍慣老闆，前提是想清楚自己要什麼，也確認自己有本事到哪裡。

2.4 妄自菲薄，會讓別人看扁你！

多看他人的優點，也要彰顯自己長處！
實力不會自己說話！真有能力，適度吹捧自己千萬別客氣。

「以往總公司的教育訓練，後勤單位不是派出行銷部就是財務部，這次我們讓執行長室的員工也有機會參與吧。」執行長在會議上裁示，這次在墨爾本舉辦、為期一周的教育訓練，台灣代表將從執行長室選出。

執行長室，除了執行長本人外，夯不啷噹不過就四個人。好不容易有機會參與跨國教育訓練，照理應該從資歷較深的同仁安排起。

「我在台灣分公司剛成立時就加入，我以為自己應該就是這次教育訓練的不二人選。」雖然已經事過境遷，子怡談起此事時仍忿忿不平：「沒想到簽呈送出去時，人選直接跳過我，執行長指定了比較資淺的天澤。」

我瞅了子怡一眼：「你沒問你老闆原因？」

「有啊。執行長先表明若依照資歷排序理應是我，隨即又說教育訓練的人選，不只是先來後到照順序一種邏輯。」子怡回憶起當時執行長的說法：「他說我英文不太行，這次的教育訓練各國分公司都會派員參加，公司派出去的人等同於台灣分公司代表，必須慎選英文好、有能力與其他國家人才一較長短的人選。」

「但我英文又不是真的很差。」子怡深深地嘆了一口大氣。

當初韓國總公司在台灣成立分公司時，首任執行長為韓籍外派，需要精通韓文、中文的人才，做為執行長與外界溝通的橋樑，就這樣子怡成了公司第一號台灣員工，擔任韓籍執行長的秘書。

韓文 TOPIK 六級的子怡，面對同事的稱羨，常自謙這沒有什麼了不起，也經常自嘲自己英文很兩光，遠不如其他同事。

隨著全球化的浪潮，以及追求大者恆大的經營利基，這十幾年間公司併購了不少歐洲、美國公司，從一個區域性的公司，轉變成為全球性的企業。子怡在這當中嗅出了不尋常的氣息：執行長對外聯繫的對象，除了韓國總公司的高階長官外，對歐美與亞太區各高階長官的溝通日趨頻繁，自己的韓文專長，恐怕不足以讓她能安穩捧好飯碗。

子怡開啓有計畫的英語學習。先是報名了為期四十六周的英語重塑課程，整個打掉重練，從基礎重新開始。之後是每周為期二次的新聞英文課程。一年的扎根課程後，接續與外籍教師的一對一口語課程，以及每天早上半小時聆聽 NPR ONE 國際新聞的聽力訓練。

在幾任韓籍執行長任期結束，開始任用台灣籍執行長之前，子怡早就經歷了三次 TOEIC 多益考試，最高考了八百九十分、拿到金牌證書。

不認為金牌證書有多了不起，再加上個性低調，這期間子怡完全沒有大聲嚷嚷自己進修英文一事。她堅信實力的展現應該是在工作日常，而不是空口說白話。

然而，由於子怡過於低調，使得大多數同事對他只停留在「是韓文很好但英文很爛的子怡」的印象。就連直屬主管執行長，也沒有從心怡與日遽增的對外英文書信往來，而對子怡英文不好的既定印象有所改觀。

如果只是一次教育訓練的錯失也就罷了，沒想到遠遠不僅止於此。

台灣籍執行長對內溝通，不再需要韓語人才的協助，韓文無用武之地。對外的國際事務，又多以英語為媒介。於是，舉凡涉及英文溝通的業務，包括跨國業務的溝通、跨組織專案推動、外籍貴賓的行程接待，執行長通通交辦給他「認為」英文能力比較好的天澤。

越來越被邊緣化的子怡，被大夥認定為工作清閒。在執行長默許之下，其他部門只要業務稍微繁忙，就會把包含業務部業績登錄、財務部發票核對等雜事，通通交辦給子怡。子怡的角色，從執行長秘書，變成了全辦公室，任誰都可以指使的庶務二科。

＊ ＊ ＊ ＊ ＊

以台灣 TOEIC 多益平均分數只有五百多分來說，子怡的英文雖稱不上上乘，但已經打趴多數台灣人，甚至也贏過公司很多人。

子怡認為自己真的是錯了，錯在過於自謙、錯在以為這仍是個「曖曖內含光，實力會說明一切」的時代。

事實是，你的好，不會有人幫你宣傳；你的壞，傳播速度比光速還快。

面對這豺狼虎豹的職場，許多力有未逮的都可以靠著巧舌如簧，爭取到想要的資源，如果真有能力還客氣什麼。

隱惡揚善，要自己來；適度吹噓自己，已是職場必要技能。

菲女狼的狼嚎

自己都說自己不好了，被別人看扁、搶機會也只是剛好而已。

每個人都會吹牛的世界，不吹就輸了。只要牛皮沒吹破之前，任何事情都是對的。

2.5 小心！「細作」就在你身邊！

罩子放亮點準沒錯！
有些你以為舉足無輕重的人，往往是你得罪不起的大咖！

娜娜在公司任職已經超過五年，這五年時間完全沒獲得任何晉升。反之，跟她同期的小蕾經過這一波的拔擢，頭銜都已經從品牌副理掛到品牌經理了。

娜娜哀怨地跟一起聚會的好友們抱怨：「我就不明白了，我到底哪裡不如人？還是何時得罪主管？以至於任務交辦總有我的事，但升遷就是沒有我的份。幾年下來，我都成了行銷部最『資深』的品牌『專員』了。」

看到這一波的晉升名單，不想再把疑問吞進肚子裡，娜娜趁著例行工作會議，向單位主管問得單刀直入：「安狄協理，這幾年我負責的品牌業績表現一直不錯，為什麼升遷總是沒有我呢？」

像是早料到會有這一局似的，安狄回答得直接：「你的表現大體而言還不錯。不過，公司每年晉升有其制度跟名額限制，不是個人成績達標就一定能晉升。還得跟同部門同事、台灣區所有同事、甚至亞太區其他同事，全部一起進行評比，才能決定最後的升遷名單。」

「那你怎麼說呢？」我這樣問是因為雖然安狄協理說得振振有詞、冠冕堂皇，不過我想，這對在公司已經待了很多年的娜娜，完全沒有說服力。

「我當然不服氣啊，我拿出具體事證，說明我沒有比別人差。」娜娜以她負責的品牌除了業績目標達成之外，市佔率也逐年提升，成績絕對優於小蕾，證明自己考績相較其他同仁毫不遜色。

「結果你猜他怎麼說？」看著大夥沒反應，娜娜接著描述當天的情景。

安狄協理居然這樣回答：「娜娜，數字會說話，你的確把品牌經營得不錯，但是考績是種綜合評估，除了專業上的表現之外，企業精神的實踐、利益關係人的溝通，也都是很重要的指標。」安狄協理說得更仔細了一些：「我們公司的考核，不只單看絕對數字，也不是我一個人說了算，公司其他一級主管具有一定的影響力，你平常應該多花點時間經營。尤其，是人資主管李經理。」安狄協理刻意在最後一句話放慢了語調。

「尤其，是人資主管李經理。」這句話，語調很輕，卻如雷貫耳。

「那時，我才知道癥結所在。如果說這公司內我有跟誰交惡，那人非人資經理莫屬，只是我先前從沒有想過小小的人資經理居然有這麼大的人事影響力。」娜娜懊惱她的恍然大悟來得太晚了一些。

過去，娜娜待得都是本土公司。升等或著職位上的晉升，通常是部門直屬主管主導，公司主事者如總經理、董事長或是執行長等高層核可就算。至於，人資部門業務雖然涵蓋招募甄選、訓練發展、薪酬福利、員工關係、績效評估等項目。不過，在本土企業體系內，多半只扮演承辦單位的角色，尤其對人員的升職調遷並沒有決策權。再加上，公司人資主管只是經理職等，一向看高不看低的娜娜，壓根沒有把人資李經理放在眼裡，過去也因為勞資會議意見不同，有了幾次直言不諱的交鋒與衝突。

娜娜沒算到的是，外商體制的運作與本土企業有所不同，人資的影響力，遠超過她的想像。

＊ ＊ ＊ ＊ ＊

在部分外商體制，為了避免一言堂式的管理，人資部門有時並不直接隸屬於台灣分公司，而有自己直屬的組織體系。從基層到一級主管，組織內人力盤點，都在人資部門的管轄範疇內。有時，甚至一個區域的最高領導人，如某地區的總經理，私下對於人資主管也是有幾分懼憚的。因此，他們的「建議」通常是有份量的，尤其在人員考核與晉升，具有一定的話語權。

不同公司有不同的組織架構與權力核心，利益關係人影響力的權重也不盡相同。不是官職大影響力就大，也不見得官職小就可以被輕忽。對職涯很有規劃與想法的人，一定要釐清組織內的競合關係，以及哪些是絕對要經營的重點人物。

通常，不論本土企業或外商組織，財務大臣多半是重點人物之一。因為需要定期回報營運狀況、利潤結構變化，與老闆或最高主管的接觸最為密切頻繁，他（她）說的話，具有相當影響力。刻意的美言幾句，自然可以加分不少；不經意的批判，也會留下不好的印象。

除此之外，如欲在公司傳播訊息，快速建立良好形象，總機或是總務絕對是不二人選。他們**看似沒有跟任何部門有過於密切的業務往來，不過卻因為經常幫忙同事們處理庶務，網絡遍及整個組織，擴散力、傳播力遠超過想像，絕對可以借力使力**。

菲女狼的**狼嚎**

組織內，人貴言重，但「人微」不一定「言輕」。

業績（數字）代表績效，但有時候績效不代表一切，重要的人怎麼評價你更重要。

2.6 事實不代表真相！人話通常幾分真、若干假！

職場上，有些人為求自保什麼話都說得出口。
不是親耳聽到的話，都不要過度反應！

在職場上，有許多人雖非刻意欺騙，卻難免因特定立場講話避重就輕。過於輕易相信他人陳述，往往免不了吃悶虧。

奇峰就是個活生生的例子。他透露，因為盡信人資主管，對他所言照單全收，差點就曲解、誤會下屬。

「人資部門阿輝副理跟我面談時，告訴我轉調總公司行銷部之後，我負責的還是電商行銷。」小茜跟奇峰說得很是理直氣壯。

「是這樣嗎？那我再跟阿輝副理確認一下，這次組織重整的緣由，以及領導階層長官的指令。」嘴裡這樣說，但奇峰心裡卻是惱火的很，覺得面前這個剛被調派到自己部門的小茜很不上道。

當時奇峰服務的公司，除了總公司行銷部掌管自有品牌的行銷之外，其他門市以及電商事業體，各有各自的行銷人員。此番，公司改組之後，將其他事業體的行銷人員都納入總公司行銷部，由奇峰統一管轄。

在人事命令正式佈達前一周，奇峰就已經接收到人資主管阿輝副理的預告，了解執行長之所以做這樣的調動，是希望公司人效可以充分運用並發揮綜效。阿輝副理更表示已經與所有被調動的同仁一對一溝通，未來奇峰可以安心指派工作。

眼前小茜的態度，擺明了與奇峰的認知不同調。

奇峰當時惱火歸惱火，擔心有所誤會，再次與阿輝副理確認：「你確定你都跟她說清楚、講明白了嗎？」

「我『真的』『都』有跟她說明了。」阿輝副理再三保證，他「真真切切」、「確確實實」與小茜做了溝通，也「明明白白」告知小茜回歸總公司行銷部之後，除了負責電商之外，也必須支援其他事業體。

「我不知道她為什麼會這樣跟你說。」阿輝副理很是無奈：「不然這樣好了，如果有必要，等我有空時召開個三方會議，讓你、我、小茜一起當面溝通清楚。」

奇峰說，阿輝副理話都說到這份上了。所以他研判，這之間的認知誤差，擺明了就是小茜怕改組之後，工作量加重的推託話術。

於是，奇峰對小茜的印象更差了，認為小茜為了推拖工作無所不用其極。針對這樣的員工，非得整治不可，否則他日後如何管理統御，於是特別交代其他組員把近期的兩個專案全交給小茜。

這工作剛交付未滿三天，小茜就發難了：「經理，我覺得我的工作應該是把電商的行銷做好，這其他兩個專案是否可以請其他人幫忙。」

又來了，到底是誰給了小茜這樣的錯誤認知。

奇峰索性把話挑明了。「這樣說好了，到目前為止電商部門尚未獲利，公司高層認為請一個專責的行銷人員不符合效益，把你轉調到總公司行銷部，就是要讓你同時也負責其他事業體的行銷。」

「但是當初跟我溝通時說轉調到行銷部之後，工作內容不會有改變……。」

原本對小茜印象就差了，再聽到這些有的沒有的，這下奇峰氣炸了，哪能等阿輝副理有空再召開三方會議。他撥通了內線，硬是把阿輝副理緊急召喚到會議室。

「當初一直沒有正式的會議，公司就把同仁交付到我的部門了，現在是不是透過這個會議讓彼此更了解公司的思考以及期望。」

看著阿輝副理坐在一旁不發一語，奇峰清了清嗓子直接把球丟給他。「阿輝副理，請你說明一下組織異動的原因，以及日後的工作分派。」

「跟兩位說明一下，公司之所以這樣安排，主要是希望行銷人員都有資深的行銷主管領導，以發揮最大的人效。」不知為何，阿輝副理似乎沒說到重點。

「麻煩也說明一下小茜日後的工作。」奇峰示意阿輝副理要說得更明白一些。

「小茜未來的工作還是跟組織變動前一樣，以電商的行銷為主。」以電商的行銷為主，是沒錯。但重點是以電商行銷為主之外，還必須支援其他事業體的行銷工作。

等了半天，阿輝副理沒有再多蹦出一個字。大家面面相覷。

這時，奇峰才驚覺不對勁。不過，奇峰也不是一個可以讓人把鍋丟在自己身上的人。

奇峰刻意目光炯炯地盯著阿輝副理：「你要不要說得更清楚一點，執行長的意思是什麼？小茜現在的工作以電商的行銷為主，是指只要做電商行銷嗎？還是也要支援其他事業體的行銷工作？」

「主要是以電商的行銷為主，『行有餘力』時要支援其他事業體。」好一個「行有餘力」，好一個模擬兩可的語境，既不得罪了奇峰，又在小茜面前當了好人。

阿輝副理在奇峰面前把話說得斬釘截鐵，讓奇峰認為接收了新組員之後，有多餘人力可以分攤部門原本的工作，自然樂於接受這樣安排，不至於有太多的反彈。

面對小茜時話語說得曖昧、避重就輕，讓小茜以為未來工作不會有變動，減緩轉調部門產生的不安與疑慮，降低了因調動求去的可能性。

「我後來想想，阿輝副理的作法是標準的兩面安撫、兩面不得罪。至少，在組織重組當下，他順利地完成了上級主管交付的任務，讓我接收人、讓小茜轉調部門。」

奇峰也自嘲，不是人人都像自己與小茜個性耿直，會把話挑明了說。因此，阿輝副理的兩面手法，是有可能不被發現。

至於日後兩人因認知落差的磨合，自然是部門內兩個人的事，不是人資部門的責任了。

奇峰發現錯怪小茜了，過去加諸在小茜的情緒實在沒必要。

＊　＊　＊　＊

職場上，有些人為求自保能夠做出來的事超過想像。因此，所有別人轉述的事件、轉傳的話語，不管是關於自己的，或是關於別人的，只要沒親耳聽見，全都當

作

八卦新聞聽聽就好，不用當真，更不必為此動氣。因為你永遠不知道，這當中是否有避重就輕、片面解讀、亦或是被人加了料。

菲女狼的 狼嚎

職場傳播往往會根據自己的立場避重就輕，結果就像喝水傳話一樣，傳到最後就失了真。

針對令人不悅的資訊有過度反應，很容易被不明就裡的外人認為不理性，無益問題的解決又壞了形象。

2.7 職場不是江湖，義氣這種東西，少用為妙……

「兄弟，我挺你。」這句經典台詞，
奉勸你聽聽就好，千萬別拿來說嘴或傻傻當真了。

好吧！這可能不是個正面的案例。不過，這個案例血淋淋地訴說著：義氣，在職場不見得是好東西。

阿彬與小智在飲料公司從事業務工作，多年同事情誼讓兩人堪稱為公司裡的哥倆好。自從阿彬離婚後，就不斷向小智訴苦，這給前妻跟兒子的贍養費壓得他喘不過氣來，不斷抱怨薪水是越來越不夠用了。小智立刻很有義氣地說，讓他來想辦法。

腦子轉得快的小智提議兩人聯手，運用公司的資源多賺點錢。飲料業界，素來有所謂「搭贈」的銷售手法。意即某店家只要訂足一定數量的貨品，即可獲得額外的免費貨品。比方說訂貨訂足十二箱飲料可額外獲贈一箱，等於以十二箱飲料的成本進貨到十三箱。

小智打的歪主意是，可以將沒有達到搭贈門檻店家的訂貨單予以合併修改，湊成達到搭贈門檻的訂貨量，向公司申報搭贈品。比方說A、B兩店家實際上各訂了六箱，都沒有拿到搭贈門檻，但若帳面上改成A店家訂購了十二箱、B店家訂購零箱，這樣業務人員就可以獲得多一箱商品去販售牟利。

因為阿彬負責經銷商業務，小智負責店家商行業務，涵蓋範疇剛好囊括產業上下游，兩人連成一氣，分別在經銷商報表、店家商行報表上動手腳，根本天衣無縫。從業務報表上只會發現有些店家訂貨量增長、有些店家開始減少交易的消長之外，其他看不出有什麼大太的異狀。

不過，俗話「雞卵卡密也有縫」。日子久了，兩人在報表作假、竊取公司商品牟利的消息不逕而走，風聲也傳到公司高層耳裡。這可非盡速徹查不可，不然公司其他業務如果有樣學樣、如法炮製，公司損失恐與日俱增。

人資主管與法務主管私下約談阿彬，表示公司已經掌握兩人以不法手段侵占公司產品的情事，如果阿彬轉作汙點證人，指證小智所作所為，公司可以既往不究，讓阿彬繼續留任。如果阿彬打死不認，公司未來也不會手下留情。

明明兩個人違法亂紀情節不相上下，公司為什麼選擇說服其中一人當汙點證人輕輕放過，對另外一人施以重刑？主要在於公司急於殺雞儆猴，以免其他業務跟進。不過，盤算過手上的查證後，發現掌握的籌碼不夠充足，要能一擊即中，需要更具體的有力事證，而得到具體有利的事證，最快的方式當然是從「共犯」下手。

在公司的恫嚇之下，阿彬立刻選擇全盤托出，並盡可能將責任歸屬轉向小智，以讓公司能以最快速、準確的方式，處理掉小智，也讓自己順利脫身。

自認為講義氣的小智，因為想協助好友解決贍養費造成的經濟壓力，當然也伴隨著幾分自己的貪慾作祟，才有這件事情的起心動念。兩人屬共犯結構、情節孰輕孰重相當。小智可能沒想到在談判桌上，阿彬連眉頭都沒皺一下，立刻就把自己給出賣了。

* * * * *

這當然不是一個正面的案例，畢竟竊取公司資源，本來就是不應該的。不過，從這個案例也可看出，人性有多禁不起考驗。利益當前背棄公司、危難當前背棄朋友，說有多容易就有多容易。即使其他三觀正確的事情，太過行俠仗義對自己也不見得是好事一件。

職場上，大家是來討生活的，不是來交朋友的。太多跟公司站在對立面的，通常不成功變成仁。況且，**各人有各人的業障，不管交情再好，那業障不是你的，就不用同仇敵愾，也用不著幫忙承擔，更別強出頭。**

如果沒有雄厚的底子或有退路，事不干己，又危害生計的事情，能不做就不要做。

「兄弟，我挺你。」這句在電影常出現的台詞，大家多拿來說嘴，聽聽就好，千萬別傻傻當真了。

菲女狼的狼嚎

如果對自己沒有「益」，就不用太有「義」。

「義氣」兩字說起來響亮，秤斤論兩其實沒什麼份量。

Chapter 3

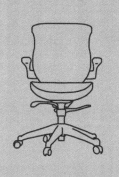

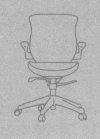

應對合宜，當個討人喜愛的下屬

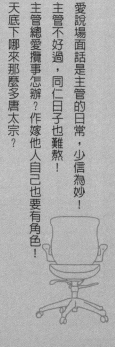

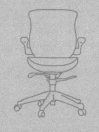

3.1 愛說場面話是主管的日常，少信為妙！

貌似不合理的要求就是不合理，
也別以為接下不合理的任務，便可獲得他人多幾分的寬容。

在我的職涯中，遇過不少心口不一的主管和客戶，他們多數並非故意刁難，只是相當在意自身形象。當不得已提出不合理要求時，就會巧妙地用美好的措辭來掩飾要求的不盡人情，使之看起來合理。這種情況導致他們口中所說的與內心真正期望的，存在著明顯的差距。若沒看透這技倆，往往就會造成情境的誤判。

「菲，Amanda 要我們在下周三提出新產品上市宣傳規劃。」蕎蕎匆匆忙忙地來跟我報告。蕎蕎是我在公關公司時期的專案經理，而 Amanda 則是當時長約客戶公關部門的主管。

我大驚！「你沒答應吧？」客户要求擺明了十分不合理。業界一般合理的提案時程約為三個星期，即使時間再怎麼壓縮，包括資料收集、數據歸納、動腦會議、協力夥伴溝通、提案撰寫統整等繁複工作，最少也需要兩個星期左右。更何況這中間還有很多環環相扣的跨業合作，不光是我的團隊願意加班熬夜就能把事情做好的。

蕎蕎語氣盡是無奈：「我回絕了很多次，表明這作業時間太短。Amanda 一再採取哀兵政策，説她來自上層的壓力極大，請我們務必幫忙。不過，Amanda 強調提案只需簡單初步規劃，讓她可以交差即可。」言下之意，就是已經答應客户，沒有轉圜餘地了。

我心裡暗忖著不妙，這做爛好人的結果不但會苦了團隊，也拿不出什麼好作品。考慮蕎蕎也是站在維護客户關係的立場，才勉為其難應允這個工作，便不再多苛責什麼，只能催促她盡快協調人力，促請周邊廠商同步發動。

一個星期過去了，到客戶公司提完案的蕎蕎垂頭喪氣，原來是企畫案被嫌到一文不值。

「Amanda 之前明明說，只要提出企劃大綱，會議上進一步討論如何發展即可。但是當她的同事針對企畫案尚未完備的部分窮追猛打時，Amanda 不但沒有站出來替我們說話，還跟著同事一起質疑，完全當她先前沒講過那番話似的，搞得我跟我的團隊看起來很『瞎』，不在狀況內一樣。」

「以後別答應不合理的要求了。」這樣的結果八九不離十在我的意料之中，自然也沒有太多的情緒，只希望蕎蕎能從這一次學到經驗跟教訓。

「但是 Amanda 當初明明那樣說……。」蕎蕎仍是忿忿不平。

「那只是她要讓你答應的話術。誰會希望代理商的提案不精準、不完備啊？不管她給你的時間是多是少、合理還是不合理，她都會希望你提的案子都是好案子。」

蕎蕎表情仍然糾結，我只好又多唸了兩句：「職場上，每個人都有每個人的角色扮演。身為客户代表，要求代理商交案子，那是 Amanda 的工作，一旦你答應了，她的工作就完成了。至於後續代理商能不能提出令人滿意的案子，就是代理商的任務，而且這個任務不會因為客户給你多少時間而打折扣。」

在我還非常資淺的時候，也有一個類似 Amanda 這樣的主管。她不太擅長全盤規劃，經常因為前期思考疏漏，衍生出很多補破網的任務，需要下屬們緊急處理。她指派的任務跟給予的時間往往不對等，總是強調不要把事情想得太困難、太複雜，要求我在不合理的時間內完成工作。

不明就裡的我，常常傻呼呼地被推到第一線。

在會議桌上，除了我當時的主管外，沒有人知道當初的要求極其簡單，而且準備時間十分匆促。所以，結果往往是，急就章的企劃會被其他與會者一一嚴格檢視，而提出這樣「粗糙」想法的人也成了眾矢之的。而且，帶頭「指點」報告不到位的，常常是那位主管。

＊　＊　＊　＊　＊

我曾有一段時間百思不得其解，苦惱主管為什麼要故意陷害。後來我的體會是，擺明了不盡情理的任務容易被推諉，而且是言之有理的推諉。所以便要有個降低標準的說法，以便說服人願意接下燙手山竽。

再者，指派的任務合不合理，主管自己大概也心知肚明，提出不合情理的要求不就代鑾不講理，當然要有一個漂亮說法包裝，以確保無傷個人形象管理。然而，一個組織對事物通常有既定標準擺在那，並不會因為時間多寡就降低多少。既然有人接了任務，當然是以常規標準要求。畢竟，這任務是主管發派，或多或少也有連帶責任。如果下屬或廠商的提案不符合期望，當然要第一個跳出來批評或管理，才能讓自己置身事外。

貌似不合理的要求就是不合理，別存有僥倖心態，以為接下不合理的任務，便可獲得他人多幾分的寬容。

如果實在無法拒絕，更積極的做法是避免模擬兩可，主動溝通並尋求建議，透過提供具體事例以對焦期望，避免不小心接了壞球，又獨自揹鍋。

菲女狼的 **狼嚎**

貌似不合理的要求就是不合理，即便附帶有很多但書，也不要輕易答應。

對方高來高去，你也要禮尚往來才公平。

3.2 主管不好過，同仁日子也難熬！

老闆若看主管不爽，也不會看部門同事們多順眼。本就榮辱與共，即使再討厭主管，也別幸災樂禍……

小齊是我早年在公關公司時期的同事，不過她很早就轉換跑道進入企業端，在知名網路購物平台公關部任職。

個性平實、待人和善的小齊，平日並不熱衷道人長短。不過，自從部門來了新主管張經理之後，就陸續聽到小齊對他的批評。

這位空降的張經理，來自平面媒體。媒體記者因有良好政商關係以及豐沛媒體資源，轉任公關在業界十分常見。只不過，這位張經理在平面媒體擔任的職務是「工商記者」，說白了就是廣告業務，跟公關需要的專業與資源並不太相符。

「沒有相當的專業，卻很有主管的架子」是小齊對張經理的評價。小齊對這位新來主管的能力非常不以為然，因而工作上也是能敷衍就敷衍。沒有嚴實背景又空降的張經理，沒有能力看出哪裡有問題，即使看出問題，也不知該如何指導起。

某日，負責監控網路口碑輿論的公關公司窗口通知，一則負面話題正在網路論壇發酵：消費者持了在公司平台購買的住宿券至汽車旅館住宿，一整個晚上隔壁房間不斷的發出吵鬧聲響，搞得他們夜不能寐，抱怨平台沒有盡到品質把關、慎選合作廠商的責任。

在公關公司通知不久後，已經有媒體致電要公司給個說法。在跟媒體約定回覆時間點之後，張經理很快地依照公司標準作業程序 SOP（Standard Operation Procedure）要求消費客服部、企業客服部，個別與消費者、汽車旅館業者聯繫，取得兩造說法之後，偕同法務部門召開跨部門會議，確認公司立場與說法。

「小齊，你按照剛才跨部門會議的結論，寫一篇新聞稿，等一下盡快發稿。同時，也請口碑行銷公司去網路上做些平衡說法，避免負面討論無限蔓延。」張經理指揮得煞有其事。

「好的。」小齊禮貌性地回應了張經理，不過接下來也丟了幾道難題回敬。

「媒體目前已經在線等了，我們沒有很多時間來回修正，可否請您明確指示這篇新聞稿當中，我方態度與措辭輕重該怎麼拿捏？」

「還有，就這事件的情節，您覺得新聞稿上代表公司發言的層級是要到您就好，還是行銷部總監，還是署名總經理？」

「另外，等一下發稿的對象，要發通稿給全媒體？還是發給在追這則新聞的記者就好？」

「對了，關於網路口碑的平衡說法，如果話術太過正面，很容易被識出是置入，過於中性的話，影響效果較慢，這件事情該採取何種策略？」

上述問題的判斷，對包含小齊在內等訓練有素的公關人員都不是難事。但對於不是科班出身也沒有相關經驗的張經理可就棘手多了，他只好到處求救，分別與公關公司、網路口碑公司的高階主管召開緊急會議，然後再就他們的建議指示小齊進一步作業。

這麼一來一往，已經錯過了部分媒體的截稿時間，有些記者沒等到官方回應就先行發稿，沒有爭取到平衡報導的機會。因此，部分媒體報導角度較為偏袒消費者，引發了一連串不太友善的輿論。

一向在意企業聲譽的總經理十分不悅，認為這是公關部門嚴重失職，對張經理的能力開始諸多質疑，後續好幾個公關部門的提案紛紛遭到否決。

終於有人看出張經理是草包一個！小齊一開始可樂了。不過她也漸漸地發現，張經理失勢後，不只張經理日子難過，整個公關部在組織裡也「黑」了。其他部門跟著風向走，態度一百八十度轉變，同儕們變得疏離與不友善。

小齊想不明白，明明是部門主管不給力，怎麼連帶地自己也受到波及，搞得她在同仁面前抬不起頭來。

* * * * *

組織裡部門間的運作既相互合作又彼此制衡。各個部門有各自的基本立場與本位主義，難免偶有衝突。通常，一個組織裡哪個部門較為強勢，跟企業文化有關之外，也跟部門主管是否得勢有關。若部門主管受到重用，也更能捍衛部門的立場。

小齊的案例告訴我們，遇到不信服的主管，不願意拿出看家本領輔佐也無可厚非，但不用特意想著如何「弄黑」主管，因為**個人的好壞與部門的好壞息息相關**。**主管若黑了，反作用力可能會迴旋到自己身上**。

畢竟大多數的情況是，只要主管日子不好過，部門同事的日子往往也不會好過到哪去……。

菲女狼的狼嚎

聽過「彼得原理」嗎？遇到不成材的主管才是常態。

主管走路有風，下屬也跟著拉風。

3.3 主管總愛攬事怎辦？作嫁他人自己也要有角色！

一分耕耘就要有一分收穫。
自己的功勞自己掙，努力哪裡有被人收割的道理。

職場上很多人都是多一事不如少一事心態，推事情幾乎是職場求生的基本技能。不過，也有一種人例外。這些人通常擅長向上管理，而且多半身居主管職。攬下來的事情有部屬做，自己又能藉此邀功，何樂而不為。

於食品公司任職的蒂蒂，負責 CRM 客户關係管理，主要工作為透過客户的資料蒐集與分析，進行產品的再行銷推廣。蒂蒂的工作職掌跟產品認證與獎項申請八竿子打不著，因著產品部門主管的一句話，以及行銷部門主管的好大喜功，這任務居然落到蒂蒂身上。

蒂蒂評論自家主管，氣就不打一處來：「婉若經理一向愛在董事長面前賣乖、求表現。所以，當產品部主管一報告最近因人事異動，導致部門人力吃緊。她立刻自告奮用，說行銷部可以接手世界品質鑑定大賞的申請工作。」

蒂蒂在第一時間跟婉若經理反應：「這不是產品經理的工作嗎？」沒想到遭受婉若經理的白眼，認為蒂蒂過於斤斤計較。

蒂蒂在描述這件事情時，氣到聲調都高了幾個音階：「她居然說『反正公司的事情就是要有人做，產品部門做跟行銷部門做有什麼差別嗎？』態度很是不耐煩，還說『不就是報名個獎項，不會花你多少時間，不要做點小事就一直抱怨。』」

蒂蒂在前公司負責過國外獎項的申請，除了跟主辦單位的聯繫因為時差關係要常常加班之外，還有很多認證文件要準備。此外，所有資料都要撰寫為英文版本，流程耗時又費工，哪裡是不會花多少時間的小事！再者，婉若經理攬完事情，並把事情交代下來後，就再也不管不顧了，全部工作都落到蒂蒂一人身上。

眼看事情是推不掉了，不過，蒂蒂並不想做一個只能逆來順受的小媳婦。與其不情願地躲在角落默默做完這件事，她決定化被動為主動，用自己的方式反轉這一切。

首先，蒂蒂定位自己為專案的主導者，而不是全部工作的執行者。

既然是主導者角色，首重任務為管理。蒂蒂羅列了所有工作項目，並協商與該工作屬性最相近的單位協助。申請獎項所有需要的產品資訊、產品樣品申請委由產品經理準備，至於工廠證明、檢驗證明則請營運單位申請，蒂蒂自己擔任跟獎項主辦單位對應的窗口，專責申請文件撰寫與樣品遞交。

其次，與其當成苦差事，不如藉力使力為自己創造更多能見度。

蒂蒂以獲獎對品牌有諸多正面效益，以及獎項申請涉及跨部門溝通為由，在每周例行會議大張旗鼓地進行工作會報。讓所有一級主管知道她正在為公司的企業聲譽、品牌形象而努力，也在執案的過程中，讓與會者見識到她在專案管理、工作統籌、斡旋協調的能力。

最後，自己的功勞當然要自己收成。

在大會通知公司產品獲獎後，蒂蒂在第一時間取得主管同意，發了一篇文情並茂的 Email 信件給公司全體同仁。內容除了恭賀公司產品獲得國際金賞的肯定之外，也用了幽默有趣的筆法分享申請獎項過程的甘苦談，包括因為時差關係與國外主辦單位深夜電話溝通。

另外，也感謝各個單位的協助，才有這次不辱使命的獲獎。檯面上是慶賀公司產品得獎的信件，但字裡行間也傳遞蒂蒂在這件事情上的付出，同時更透過感謝同事的支援，不著痕跡地拉攏了人心。

＊　＊　＊　＊

雖然俗話說「事不關己、己不勞心」，在工作場域中對自己沒有好處的事情，不用攬事上身。不過，當事情已到無法推辭之際，與其心不甘、情不願地做，倒不如像蒂蒂這樣思考，如何做得漂亮、如何做到幫自己加分。

綜觀蒂蒂的手法，簡單歸納不外乎以下三大重點。

首先、事情到了身上不一定要照單全收，拿回主導權掌握一切。其次、任何事情多看機會點，為自己創造嶄露頭角的舞台。最後，自己的功勞自己掙，努力幾分就要被看見幾分，功勞沒有被人收割的道理。

蒂蒂的作法其實很聰明，也讓大家看到除了客戶關係管理的專長之外，更多不同的可能性。

菲女狼的 狼嚎

苦勞不值錢，功勞才有價值。

默默耕耘不會被看見，主動出擊才會有機會。

3.4 天底下哪來那麼多唐太宗？

奉勸大家，別一心只想當魏徵！
挑戰權威的風險太高，即使這挑戰帶著情真意切、肝膽相照也一樣。

我所認識的蕎伊是位個性爽朗、仗義執言的性情女子。不過，這樣的性子當朋友很好，在職場上未必吃香。她就曾因敢言他人不敢言，在老闆面前不得寵很久。

蕎伊在一間新創公司任職，公司主要以研發、生產 IOT 家電系統為主。因為研發部進度嚴重落後，以至於行銷、業務團隊運作停擺了好一陣子。只要產品沒有正式量產、上市，公司的財務永遠是有出無進，逼得出資的董事長不得不親自督軍研發團隊進度。

在董事長親自督軍二個多月後的某個例行會議上，公司正式宣布產品上市時間將訂在三個月後。

「目前已確認研發進度與上市日期。業務部，你們要趕快拿訂單回來。真正厲害的業務不必等產品全部完善，就能搶攻客户拿下訂單。」

「行銷部，產品上市計畫要加速推進。上市發表會的飯店訂了沒？也要加緊安排廣告公司、媒體購買公司來提案。另外，黃金地段的户外廣告看板盡速敲定下來。」

急性子的董事長要求業務部、行銷部立刻展開上市準備，負責行銷的蕎伊與業務主管阿威面面相覷。倆人雖然不隸屬研發部，但皆加入產品 Field Trial 場景試驗小組，熟知測試結果。目前，產品不是經常無預警當機，就是高速運轉時過熱，存在著不少 BUG（漏洞）要改善，距離品質穩定到可以量產的階段，還有很長的日子要走，三個月後正式上市幾乎是不可能的任務。

蕎伊與阿威私下找了研發主管小吳經理詢問：「董事長會議上說三個月後上市，依照我們的了解，根本不可能啊！」

小吳經理無能為力地說：「我剛開始並不是計劃在三個月後上市，但董事長要我竭盡所能排除萬難，確保產品在三個月後進入市場，迫使我不得不壓縮每個項目的時程。」

「這樣真的沒有問題嗎？」蕎伊很是擔心。

「當然有很大的問題。不過，董事長根本沒有讓我拒絕的餘地。現在，只能走一步算一步。反正，就敷衍他先答應了，等到日子一接近，再用研發時出現不可抗力的因素，找些新的理由搪塞，屆時上市時程不延後也不行。如果董事長還是要如期上市，那我也只能交出品質低落的產品……。」小吳經理的壓力也是到了極致。

這一番話聽得蕎伊與阿威膽顫心驚。研發部門壓力雖大，但這壓力主要來自內部。而業務與行銷是對外的，如果對外工作一切準備就緒，產品卻無法如期發表，或者以低劣品質上市，這中間牽涉經銷商、通路商、消費者、媒體等為數眾多的利益關係人，影響層面極大。

尤其產品還在調整當中，卻要開始找廣告公司提案，預定廣告版面，籌備上市記者會，這一出手都是好幾百萬、甚至上千萬的事情，麻煩的是一旦排定若日後異動，可都是有罰則的。

這一切的不合理，讓蕎伊決定站出來做個「魏徵」，在例行會議勇敢地說出實情。

「董事長，依照現在產品的狀況讓業務去跑客戶，真的是太為難業務部門了。此外，軟體、韌體、硬體都還有很多問題需要調整，在這麼多變數之下，我們根本不可能在三個月後如期上市，時程設定是否要再實務一些。」蕎伊以恭敬的態度說出其他部門不敢說出的真相。良藥苦口、忠言逆耳，她相信有大智慧的董事長，應該能體會她的苦口婆心。

不等蕎伊繼續說下去，董事長立刻破口大罵：「你這種逃避、找藉口的態度很不可取，還會影響全體員工士氣，你這樣有當行銷主管的格局與肩膀嗎？」接下來的，是一段長達半小時的訓斥……。

＊＊＊＊＊

蕎伊有錯嗎？沒有。

身為一個幕僚，的確有提供正確資訊給高層的義務，以協助高層做出正確的判斷。不過，若資訊涉及忠言逆耳，就必須考慮彼此間的互信基礎有多少，再決定講幾分話。

蕎伊就一定對嗎？也不是。

因為她錯判局勢而且越矩了。不是每個主管都有聽到實話的勇氣與雅量。即使對方是位開明的主管，當有截然不同的相左意見時，私下溝通絕對比公然忤逆的效果來得好。

其實，董事長怎麼會不知道，他給的時間不合理。就他的立場來說，產品上市往後延一天，損失都是數以萬計的。如果不給研發團隊足夠的壓力，怕只是會一天拖過一天。

再者，最核心的研發主管都已經與他達成共識，接下了產品要如期上市的壓力。就算力有未逮也應該是研發主管發聲，哪還有其他單位置喙的空間。

最後是，董事長已經當著所有一級主管的面，下達最後通牒。薔伊居然在會議上公然挑戰他的決策。如果類似情況經常發生，而董事長經常妥協，未來他如何樹立威望。

產品無法在三個月後上市是可以預期的，不過戳破這一切的可以不用是薔伊。

菲女狼的狼嚎

唐太宗只有一個，當魏徵的風險太高。

有些事情老闆早看得透徹，硬去戳破就表示員工看得不夠明白。

3.5 檢討會議的重點，從來不在檢討！

你做得有多爛，這不是老闆想要聽的重點！
問題背後的問題以及如何消弭問題，才是重點所在。

反省與檢討是一種負責任的態度，也是進步的基石。但職場上的檢討是有訣竅的，太過耿直的檢討可能把自己置身險境。菲的一個友人，就是因為一場檢討會議，不但自己丟了工作，還讓整個團隊也跟著失業。

艾瑞克就是這個事件的始作俑者，他任職於一家韓商半導體公司的台灣分公司，主要經營用於LED燈的IC相關元件。雖然台灣一直是半導體的重鎮，不過市場競爭相對激烈。

這家韓商公司並未在勞力等生產成本較低的中國大陸、越南或印度建立生產基地，因此系列產品在價格上並未具備競爭優勢。此外，公司規模屬中小型，知名度遠不及台灣一級廠家和國際大廠。雖然在台灣布局了數年，業務推廣一直沒有突破性進展。

此次半年報會議，韓國執行長特地親自來台灣坐鎮，瞭解營運績效之外，也與一級主管商討經營方針。

為了這次的會議，各單位主管無不嚴陣以待。除了數字分析，也準備包含政治、經濟、社會、科技等層面的剖析，企圖從各面向說明業務拓展未果的原因，不讓大老闆究責究到自己身上。

「公司營收狀況 YOY (Year on Year) 增率為負百分之十六、YTD (Year To Date) 則是衰退百分之十九。」業務單位報告中一連串紅通通的數字，讓執行長的臉色沉了下來。身為業務協理的艾瑞克當然不能讓執行長認為這是業務部門失職，特別準備了洋洋灑灑的資料分析做後盾。

他首先強調，台灣 LED 燈具代工組裝廠，近年紛紛轉戰中國大陸或東南亞，產業外移讓市場縮小，競爭益加嚴峻。

接下來，分析公司產品缺乏競爭優勢。當前市場呈現高階和低階兩極化趨勢，中價位產品難以找到市場利基。「我們的產品定位及價格處於相當尷尬的位置。若要競爭高階市場，我們的品牌力難以與一流的國際大廠相匹敵；若致力於低階市場，我們的價格又未能具優勢。」

最後，台灣分公司一級主管提出的解決方案為，降低產品自韓國進口的FOB（離岸價格），以與其他公司進行更有利的報價競爭。同時，也計畫引進更多規格以擴大市場機會。

聽完這一連串不樂觀的分析，包含低迷的業績、不看好的前景，以及缺乏深度和策略性的營運建議，原本以嚴厲聞名的韓國執行長意外地沒有大發雷霆，反而客氣地向團隊表示感謝。

他很迅速地結束了在台灣的行程，提前返回了韓國。

畢竟，根據台灣團隊的報告，經營不佳並非團隊缺乏努力，也不是某些人為疏失所致，而是整個市場趨勢和環境使然。

約莫一個月後，台灣分公司全體員工收到韓國總公司的公告，大意是總公司決定結束台灣業務並關閉台灣分公司，所有員工依照台灣勞基法資遣。整個公司一片譁然，數十位員工一夕之間全部都丟了工作。

艾瑞克分享這段經歷時，所有朋友都笑他當時是不是有點傻？報告報不到重點就算了，居然還報到丟了工作。

* * * * *

其實檢討會議的重點並非是討論發生了什麼問題？而在於釐清引起問題的根本原因，更重要的是討論如何避免重蹈覆轍？以及如何解決問題引發的連帶效應。

What Happened？已經發生的事情，明確描述即可。

Why Happened？問題背後的原因，才是解決事情的根本，是必須仔細探究

的重點。

How to do？如何避免一錯再錯、如何解決困境？相關的應對方案，肯定是重中之重的關鍵。

在艾瑞克的案例中，公司績效不佳，從報表上的數字便可一目瞭然，執行長不需要千里迢迢抵台會議即可得知。公司經營者關心的，不僅是業績不彰的根本原因，更想了解的是公司未來展望。

當局者迷的艾瑞克以及台灣分公司員工，當時一心想的就是如何在檢討會議中脫身，因此花很大篇幅闡述產業的不樂觀。這一番報告下來，等同於直接向總公司透露，趨勢不在臺灣了，市場也不在台灣了，公司的產品在台灣更沒有競爭力。

都說殺頭的生意有人做、賠錢的生意沒人願意投入，試想有誰會繼續投資在一個眼前沒有獲利，未來前景不明朗的產業？況且，台灣團隊的營運建議是標準的頭痛醫頭、腳痛醫腳的做法，缺乏積極的承諾和具前瞻性的建議。

在這樣的情況下，再多的投資恐怕也是枉然，也難怪韓國總公司會有結束台灣市場的決定。

菲女狼的**狼嚎**

老闆想聽的，不是你為什麼做不好，而是你要如何做好。

厲害的老闆會畫大餅給員工，聰明的員工也會畫餅回敬老闆。

3.6 同事變主管，關係再好都變調！

角色不同，競合關係就不同。
位置變了，腦袋跟著變，是必要之惡。

「我從來沒有想過一向對我重用有加的主管，有朝一日變成在職場討伐我的霸凌者！」

在職場稱得上是老江湖的愛琳，講起前幾個月的遭遇，仍是一副不可置信。因為這個挖坑給她跳、陷她於不義的人，正是先前十分仰仗她的老闆兼好友麗莎。

「你知道嗎？麗莎居然在跨國會議上跟國外一級主管報告說，上一季損益不如預期的主因，是雙十一促銷活動未盡如人意。我聽了簡直大傻眼。近期當中，麗莎已經不只一次，看似無意、實則有心地把矛頭對準我。」

據愛琳的描述，事實上，上一季業績表現並不算差。至於損益不如預期，涉及公司進銷存管理以及營業費用的掛帳與認列，並非全然是業績的原因。不過，麗莎卻選擇避開這些不提，把焦點導引到雙十一檔期，等於劍指負責行銷、業務的愛琳。

麗莎是女裝電商公司的執行長，愛琳則擔任總經理一職，兩人合作無間已經多年。在加入這公司之前，愛琳於電子商務領域深耕已久。在百家爭鳴的市場當中，她成功地把前公司的美食電商平台經營地有聲有色。因此，經營女裝電商的麗莎特地重金挖角愛琳到現在的公司任職。

愛琳在組織管理上頗有手腕，很快地洞察問題所在，也展開了一連串的組織重整，廣納資訊工程師、數據分析方面的人才。這些改革帶給了公司新氣象，也反映在實際的營收成長上。

麗莎對愛琳的表現很是滿意，除了給予相當尊重、充分授權之外，給薪、分紅更是絕不手軟，重用程度不在話下。麗莎掌管產品開發與上下游供應鏈管理，愛琳主攻行銷、業務與客戶服務，雙方各自發揮專長又彼此互補。兩人幾年合作下來，於公，彼此成為事業上的最佳拍檔；於私，建立了閨蜜般好交情。

不過，這一切在麗莎把股份賣給國外私募公司後，情況有了明顯變化。

原本待愛琳如愛將的麗莎，不時於國外主管面前有意無意地落井下石。就像上個月營運會議報告一樣，明明損益未如預期，有很多值得探討的面向。但麗莎的報告特別帶風向，將肇因歸咎促銷活動成績不如預期，讓愛琳成了眾矢之的。

「我曾經深切檢討到底哪裡得罪了她？以至於讓她的態度一百八十度轉變。也曾特意示好，希望關係有所改善，奈何都起不了作用。」愛琳怎麼就想不明白，曾經甚是看重自己的麗莎，為何會變了樣。「後來我領悟了，這情況很難改變了，因為我們角色不同了。」

我點點頭，示意聽懂了。

「因為公司被併購之後，你們的關係已經從主雇關係變成了競爭關係。你不單單是她的下屬，也成了她的競爭對手了。」

＊　＊　＊　＊　＊

雖然兩人現在的工作模式跟以前大致無異，不過麗莎的身分已經從主掌一切的老闆變成也要向上報告的員工，對於愛琳自然無法像以前那樣授權，她需要掌握一切狀況，才能做好向上管理。

在公司被併購之前，愛琳是麗莎的員工，愛琳表現越是突出卓越，越是為公司帶來可觀的利益，而麗莎作為直接受益者，當然自是歡喜。不過，現在兩人同為公司的員工，一個為執行長、一個為總經理，明裡是上下屬關係，暗裡也是競爭關係。

常言道「高不處生寒」，位階越高機會越少，想要坐穩位置或繼續往上爬，挑戰難度也更高，況且兩人可能爭奪相同資源和升遷機會。因此，愛琳表現越傑出，相對的越會壓縮到麗莎的發展空間。這也是為什麼愛琳表現持續出色，而麗莎對她的態度卻大不相同。

位置調整了，角色與壓力也與以往不同，思想亦會隨之改變。不論從同事變主管、老闆變同儕，只要彼此關係有所改變，相處模式也需要調整。

面對老闆：老闆通常偏好聽話、有才，又認真的員工。除了表現尊重之外，更要盡可能展現自我才華與專業，凡事採取積極的反饋。

面對主管：具輔佐能力又不威脅地位的部屬最能得到主管青睞，適時表現服從，保持透明溝通，讓主管覺得掌握一切，同時避免功高震主。

面對同儕：平時多傾聽與支持，保持彼此尊重。有合作項目時，顧及彼此的領空性，切忌採線，井水不犯河水。

面對下屬：聆聽、回饋、支持是通則，通則之外也因材施教。面對缺凡安全感的，多下指導棋；遇到有主見的，給予多一點空間。

請記住：**位置變了，腦袋也要跟著變，這是必要之惡**。

菲女狼的**狼嚎**

高階主管出線的通常是關係好的。位階越高，關係管理的重要性也就越高。

多數人是心口不一的。嘴裡說不在意晉升的，多半是沒有機會而不是真不在意。

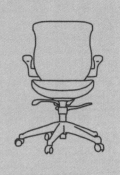

Chapter 4

進 OR 退？
職場中的競爭關係如何拿捏？

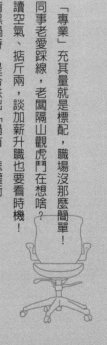

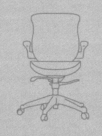

4.1「專業」充其量就是標配，職場沒那麼簡單！

特定領域的技能是專業，
而特定領域以外的專業技能，才是無往不利的關鍵。

「我被客訴了。」聽到潔米這樣說，我很是意外。

潔米在公關界，素來以專業掛帥、治軍嚴謹聞名。別的團隊處理不來的難搞客戶，交到他手上多半能迎刃而解。

不少短期客戶透過專案合作建立信任感後，會把長約服務指定給潔米的團隊，因為潔米是少數具有策略思維、創意發想，又執案嚴謹的全方位人才。在業界素有口碑的潔米，居然在二個難度不高的客戶踢到了鐵板。

這事牽涉到公司的另外一個主管小楓。因為先生外派到海外，小楓決定夫唱婦隨，辭職偕先生赴海外生活，手上客户全轉手由潔米負責。

潔米與小楓是全然不同類型。

潔米在公司走路有風，掌握公司最重要的客户，這些客户不僅僅是公司獲利來源，同時更是用來建立公司聲譽的門面客户。

資歷與天分不如潔米的小楓，一向的風評就是策略不足、努力有餘，因此公司不太敢把全球型的客户，或是年度策略大案交付給他，多半負責難度較低、比較多體力活的活動型專案。

一直以來，潔米便不太看得起小楓，連帶著也有幾分輕蔑小楓負責的客户。反正這一類客户需求不是全省巡迴的 ROAD SHOW（路演），就是經銷商大會等類型的案子，只需關照執行細節、注意時程安排、強化第三單位溝通等，對於堪稱老戰將的潔米來說不具備任何難度。

抱著這樣的心態執案，讓潔米遭受到職涯史上罕見的客訴，而且是兩個客户不約而同致電總經理暗指潔米的不是。

「客戶說沒看到你的專業發揮。」總經理原封不動轉述客訴。思考到潔米的專業業界有目共睹，又用了自己的語言重新詮釋。「我想，應該是沒看到你在案子上的付出，才會說沒有看到你的專業。」

「我不接受這樣的指控！他們真的懂得什麼是公關專業嗎？」面對料想不到的批評，長年活在掌聲中的潔米不客氣地反駁：「另外，你可以問問我的部屬，我盯他們盯得有多緊。除了每日的工作回報之外，每周更規定要以週報詳述執案成效。」

「我不確定客戶有沒有專業去體認你的專業，但我確定你快掉了客戶這件事千真萬確。」看到潔米完全無法接受客戶的反饋，總經理說話也就不再經過包裝：「我們是顧問業，也是服務業，被客戶認同的專業才叫專業。」

這兩位客訴潔米的客戶，其中一位是性格急躁的掌控狂，一碰到任何出乎意料之外的事情，就會像活蝦碰到熱水一樣跳起來劇烈反應，如何讓計畫按部就班、符合預期，並且管理他的期望，變成了滿意與否的關鍵。另一位客戶窗口轉調到公關部門不到半年，對廣告宣傳工作一知半解，在對內溝通以及預算爭取上，比起其他客户更需要代理商的支援。

公關與行銷實力不算堅強的小楓，把自己對人觀察敏銳的特長發揮得淋漓盡致，在溝通過程中讓客户感到舒心、在執案過程中讓客户對團隊放心，因此過去一直把這兩個客户打點得很好，從不讓老闆與主管擔心。相反地，潔米雖以專業能力著稱，卻不受這兩個客户青睞。

＊　＊　＊　＊　＊

客戶百百種，需求各有不同。有些客戶信仰專業、有些仰仗支援；有些客戶需要顧問型團隊，有些只信任熟識對象。

信奉專業者，關注合作夥伴是否提供策略服務，是否能洞悉自己思維上的盲點。

信任熟識者，需要配合團隊站在同一陣線，以我們取代我，形塑合作奮鬥的氛圍。

依賴支援者，重視協力廠商是否可以協助解決個人難以解決的問題，給予充分的協作支援。。

特定領域的技能是專業，解讀對方需要、提供適切的服務與協助也是專業的一種。

優秀的人才，不會只有在特定領域優秀。

曾經有這樣的一個說法，一個厲害的業務人員，不論銷售的是高科技半導體元件，還是日常快速消耗品，都具備讓客戶買單的能力，這不僅僅取決於專業技能，還包括其他方面的特質。

特定領域的技能，只是在職場出類拔萃的基礎，但特定領域技能以外的專業，對人性的洞察、關係的經營與維護，才是步步高升與無往不利的關鍵，尤其層級越高越是如此。

菲女狼的狼嚎

你不恥的技能，可能是他人步步高升的利器。

人到高處，競爭的不是技能而是手腕。

4.2 同事老愛踩線，老闆隔山觀虎鬥在想啥？

職場很多「不小心」的過界，通常是同事有意為之、主管默許。

說到踩線，最常發生在媒體界。

哪位記者負責消費產業、高科技領域，誰專責跑社會新聞、政治領域，都有基本的劃分，各自專注在自己的領域涇渭分明。不過，因為某類型新聞點閱率高，或是某些產業油水多，就會有人故意涉足不歸管轄的領域。

不只媒體圈如此，在一般公司行號，只要涉及油水，不論這油水是名還是利，就會有人故意踩線、撈過界，而靖瑤就是同事喜歡踩線的受害者。

靖瑤在專門進口法國勃根地產區美酒的葡萄酒商擔任通路行銷，主要負責專案規劃，協助同仁拓展通路，達成業績目標。

他近期主要任務為推廣公司進口的某知名中價位紅白酒品牌，透過消費者促銷計劃和異國料理餐廳進貨專案拉抬業績。活動內容為消費者在餐廳開一瓶指定品牌紅酒、白酒或氣泡酒，即可獲得一只水晶高腳杯，以激發消費者的點酒意願。水晶高腳杯由靖瑤的公司贊助，經由餐廳轉贈給點酒開瓶的消費者。餐廳舉辦推廣活動，來客量、點酒量預計皆會增加，需要充分備貨以因應需求，因而可以達到紅白酒銷量的提升。

然而，業務拿著企劃案與業者洽談後，反應不如預期的回響熱烈。一些知名異國料理餐廳的回饋是，他們願意參與紅白酒開瓶贈送水晶高腳杯的活動，卻不願意搭配紅白酒進貨，理由是目前庫存量充足。

「不可能啊，這些餐廳自從去年最後一季之後，就再也沒有進貨了，怎麼可能現在還有足夠的庫存應付促銷活動。」靖瑤查了公司的出貨紀錄，覺得不可思議。

請業務同仁私下打聽怎麼回事，才了解先前公司品牌行銷部門與這些餐廳舉辦侍酒師 foodpairing 餐酒搭活動時，免費贊助為數不少的紅白酒，也難怪這些餐廳還有庫存。

「這些餐廳後續也沒打算簽訂年約了。聽說品牌行銷部給了蠻多贊助用酒，今年度他們有這些贈酒就夠了，也沒有進貨的必要。可能日後如果缺資源跟缺酒，再向品牌行銷部申請贊助就好了，也沒有業務部的事了！」靖瑤冷冷地說。

「餐廳業者是公司的客户，品牌行銷部跟客户打交道沒事先知會業務部門，這樣做不太好吧。況且，這樣大手筆地提供資源，可能會對業務部門的業績造成影響。」我輕輕地吐槽了一番，同時也觀察到這次靖瑤除了冷嘲熱諷，沒有太多氣憤的情緒，我忍不住問道：「你以前不是會氣噗噗，現在怎麼這麼平靜？」

「反正這已經不是品牌行銷部為了經營關係第一次踩線，我現在沒那麼在意了，更不打算多嘴說些什麼。畢竟，他們一再踩線，高層卻都沒說話，就表示公司體制默許這樣的行為。我只不過是個小職員，有什麼好死守城河的呢？」這大概就是哀莫大於心死。

婧瑤更表示，雖然他隸屬業務部門，但通路行銷是領固定薪水的，依靠業績獎金維持生計的業務跟業務主管都不吭聲，高層看在眼裡也不出手處理，他沒有必要身先士卒去衝撞這不合理的現象。

「可是品牌行銷部跳過業務部與你，直接跟餐廳客户商談合作，不是會讓你在這個公司沒有角色，這樣好嗎？」我好奇追問。

「當然不好，所以必要時我會採取某些手段，彰顯自己的功能。」

婧瑤採取的策略是清楚表明立場，商請品牌行銷部提前通知對外合作案的目的，不是要阻攔或是搶著做，而是欲扮演橋樑的角色，讓相關業務同仁也了解這些合作動向，提供需要的協助。

此外，在跨部門會議上，他會就合作案與品牌行銷部分享自己的專業建議，在同仁面前展現他的素養與價值。

如果其他部門的越界行為嚴重影響業務部運作，婧瑤會以「出發點雖然無惡意，卻有了壞影響」的角度給予善意提醒，向對方解釋相關作為對業務部門的影響層面，可能導致談判籌碼的削弱、進貨方案推廣的不彰，更甚者是造成業績落後等問題，針對可能的負面衝擊提出評估與預警。「我就是做到應該做的事情，至於後續是否有人遏止，那是我層級權限範圍之外的事，我就不多糾結了。」

＊　＊　＊　＊

因為有時候，這些踩線是主管默許的。就像我一位記者朋友所說的，他的主管在為記者分派採訪任務時，僅區分大類而不細分路線。主管的想法是，讓記者們彼此競爭，看誰能拿出最多的人脈跟資源。

有的時候，主管不插手處理越界行為，純粹事不關己、己不勞心。反正沒有牽連到自己，多一事不如少一事。

職場上的很多衝突，需要依靠個人智取。因為**比起扮演正義使者或調停者的角色，更多的高階主管其實更傾向採取「隔山觀虎鬥」**。

菲女狼的 狼嚎

有些高階主管最擅長的作為，就是不作為。

那些擅長在組織爭鬥的人，打得多是太極，而非刀光劍影。

4.3 讀空氣、掂斤兩，談加薪升職也要看時機！

談具體績效比談做了多少努力，實在許多。
尤其是，若這個績效連動主管本人的績效考核，將更具參考價值。

「最近，我的團隊成員小童抱怨說，自從我加入公司之後，他的工作量大幅增加。還以此為由提出升職加薪的要求。」元嘉敘述著近期工作的趣事。

在元嘉尚未加入、部門主管空缺的那幾個月，不管是門市還是電商部門都沒有太積極的活動展開。身為美術設計的小童工作相當輕鬆，每周除了產出一到兩款給門市運用的 POSM（Points Of Sales Materials／輔銷設計製作物）之外，就沒有什麼要緊事了。然而，自從全神貫注投入工作的元嘉擔任主管後，情勢發生了顯著的變化。元嘉規定每兩個月至少舉辦一次主題促銷活動，要求門市和電商部門積極招募會員，社群媒體的經營也要更積極。伴隨而來的是眾多製作物，包括檔期手冊、宣傳海報、社群貼圖等等，使過去輕鬆度日的小童有些應接不暇。

這情況因為近期的國際美食展而加劇了。因應美食展的舉辦，必須大量製作各種宣傳設計物，包括主題視覺、前期網路廣告、社群貼圖，以及展場現場使用的海報、旗幟、橫幅布條等各種 POP（Point of purchase／賣店廣告），東西多得不可勝數，鮮少超時工作的小童，為此連續加班了半個多月。面對這波突然增加的工作量，讓小童決定向元嘉提出加薪的要求。

可能是盤算著打鐵就要趁熱，小童選擇在美食展期間與元嘉談判，並羅列出數個自己值得加薪升職的理由。首先、他的工作量加重，收穫理當跟付出成正比；其次、自己設計品質比起過去提升不少。能力提升、酬勞也應該提升；第三、他全力配合這次美食展，辛勤的工作。配合度高的員工，值得公司回饋。

不清楚詳情的我，乍聽之下覺得理由挺充足的，不太確定眼前的元嘉不滿的癥結為何。我問：「聽起來挺合理的，你最後有幫他升職或加薪嗎？」

「當然沒有，我還狠狠地洗臉他一頓。」

追問之下，才知道這兩個人的思考完全不在同一個平行線上。元嘉認為小童所謂的工作量太重，是源於過去長時間工作量太輕。他反問小童一個全職設計一個星期只產出一到二款 POSM 是否合理？這點連小童自己都很難昧著良心說合理。結論是，目前工作量只是回歸正常水平，不構成加薪的理由。

此外，設計功力提升，不代表設計功力卓越。在元嘉眼中，小童作品不過堪用等級，即使有所進步，也只是一般水準。元嘉認為要他在公司既定升遷時程外，開特例為小童額外爭取，光是有進步這一點是不足夠的，小童必須拿出更強而有力的說詞，比方說能力超越業界基準才具說服力。

配合度高、值得公司回饋這個理由也被打了回票。因為在合理的情況下，員工有配合公司調配工作時程的責任和義務。此外，因應這次美食展，所有加班時數都可以提出補休或加班費的申請。而且，美食展的銷售成績還會額外發放績效獎金給參與的員工，付出已經有對等回饋。

「另外，還有一個點讓我當下就決定否決小童的要求。他什麼時候不好跟我討論，偏偏選在我最忙碌的美食展展期。這如果不是個性白目，就是明晃晃的威脅，不管哪一種，我都不接受。」

＊ ＊ ＊ ＊ ＊

嗯，與主管談判加薪，時機是非常重要的，比較好的時間點是在打完年度考績順勢而為，或者是在表現亮麗的重要專案結束後掌握時機。一般而言，主管特別忙碌或者神經緊繃的日子，都不是好的時間點。

再者，要會「讀空氣」研判局勢、掂掂斤兩。觀察當下主管對個人的評價，了解自己在主管心中有幾斤幾兩重。如果平日主管對你的工作表現不置可否，就表示在他心中你的實力與重要性仍有待提升，被否決的可能性就大。反之，如果主管一直稱讚你的工作表現，比較有機會水到渠成。

此外，就是理由要具體。

切記！**要拿出具體績效，而非做了多少努力。而且這個具體績效必須是老闆在意的點上，才更容易成功**。

「那有沒有哪個團隊成員，在你極度忙碌的美食展提出加薪要求，你會考慮同意？」我很好奇剛才還振振有詞的元嘉什麼情境下會妥協。

「陳列設計吧！我們公司陳列設計功力深厚，設計出來的作品深得我心。好的陳列設計人才很難找，陳列設計也比較不容易外發。再加上，全門市改裝是我未來一年工作重點，牽涉到我個人的績效表現，所以我比較有可能為他破例。」

菲女狼的 **狼嚎**

苦勞不值錢、功勞才具有競爭力。

個人績效如果連動到主管重點績效，才是更具價值的績效。

4.4 揹黑鍋時，是否供出「禍首」怎權衡？

揹黑鍋不是重點，
重點是如何讓自己揹「鍋」揹得有價值。

貝莉初入某大食品公司擔任宣傳部 Marketing Communication 部門主管，這份工作要做出成績，必須與 Product Marketing 產品行銷部門合作無間。

在這公司資歷超過十年，根基非常深厚的產品行銷部門主管文澤，看待新進員工的眼神總帶著輕蔑，包括對待貝莉也是。並非文澤故意如此，而是這公司步調十分快速、工作量極為繁重，許多新進員工承受不了壓力，短時間內就會求去。不確定新同事會不會馬上變成前同事，因此文澤認為一開始不值得花心思打交道。

貝莉想要與文澤好好合作，多次釋出善意，換來的多是熱臉貼冷屁股。平日，若非有需要，文澤鮮少與貝莉攀談。

為此，貝莉苦惱許久。

「我終於拿下他了。我們現在合作得很好，並且建立了革命情感。」貝莉說得興高采烈，我實在很好奇，她是如何把一個態度不友善的同事，收服成合作無間的夥伴？我央求她分享關鍵契機。

貝莉說，這一切源起於一個檢討會議上，她當下做了正確的決定。

在一次新產品上市活動中，文澤主動請求貝莉的協助；貝莉想著透過這一次合作，爭取彼此信任以及合作默契。沒想到，卻讓兩人一起被主管究責。

「這張報價單是怎麼回事？」行銷副總雅麗把貝莉與文澤叫進會議室，一份文件甩在兩人面前，劈頭就是破口大罵。

雅麗副總在公司素以脾氣暴躁及管理嚴格出了名，就連在公司已經是超級老鳥的文澤也敬畏三分。她怒氣沖沖、眼冒金星地等待兩人提出解釋。

「這是下一季要進口的新產品說明，因為原文資料有點多，才讓翻譯社進行翻譯。」眼看文澤噤聲，貝莉只好解釋著這張報價單的來龍去脈。而因為出聲的是貝莉，雅麗副總很自然地把砲轟的火力集中在貝莉身上：「既然都知道是未來要引進的新產品了，就應該知道現在資訊應該保密。誰說資料可以外流給翻譯社的？」

因為文澤不說半句話，貝莉也不知道該不該透露一切是文澤授意。

「雖然妳才到公司沒有多久，但妳也是相對資深的人了，怎麼連這點基本的判斷力都沒有。又不是剛出社會的新鮮人，這點小事還需要我來教嗎？」

「公司在找產品經理時，不是都要求托福至少要一百分以上，多益檢定至少要金牌以上，我們家的產品經理沒有能力自己翻譯嗎？」

就在雅麗副總連珠炮式責罵的同時，貝莉腦子正在思忖著該如何回應。

這件事情，她事先跟文澤對焦過，商討是否由文澤旗下的產品經理將資料中文化，也告知若產品經理無暇全部處理，貝莉承諾會請部屬分攤。不過，文澤卻認為翻譯太耗時，外發翻譯社即可。貝莉以為這是公司一貫的處理方式，也就採取文澤的建議，在簽訂保密條款的情況下，將文件翻譯委由翻譯社處理。

沒想到此舉卻引來雅麗副總的不悅。

而且，在雅麗副總責罵貝莉期間，文澤悶不吭聲，從頭到尾沒有打算「自首」副總口中的蠢事，其實是他的主意。

貝莉第一時間是想把文澤供出來的，說明都是文澤不願意產品經理花時間在翻譯上，才有著將文件委外翻譯這件事情。如此一來，至少可以讓雅麗副總認為貝莉的判斷邏輯、價值觀與自己一致，洗刷貝莉有點「瞎」的形象。不過，卻也會讓文澤被責備。

到底是說與不說，貝莉思考好了一會兒……。

不說，雅麗副總會覺得她思慮未周、判斷力不足。若說了，那麼文澤鐵定會認為她不講道義，日後要與之交好，難度會更高。兩害相權取其輕。貝莉的判斷是，雅麗副總歸是她的直屬主管，操縱著她的考績，應該是她最需要經營的利益關係人。不過，副總雖然脾氣不好，但屬於心直口快型，沒什麼城府。況且，由於是上下級、接觸密切，日後要在雅麗副總面前「洗白」，多得是表現的機會。

相比之下，文澤雖然只是平行單位，但他個性深沉，讓人難以捉摸。再加上，貝莉的工作重心是協助文澤，讓產品在市場上取得好成績。如果文澤日後有意為難，可能會使她在雅麗副總面前處境艱難。

其次，貝莉已經被雅麗罵過一頓，此時即使供出文澤，換來的也只是文澤被斥責。對貝莉而言，除了在心理上稍微平衡一點外，並沒有太多實際益處。因為也不是什麼不可原諒的大錯，當下，貝莉心一橫，決定做個順水人情，把這個鍋揹了下來。

「真是對不起。這一切都是我思慮不周，日後一定注意改進。」眼見貝莉「犯後態度良好」，也算儒子可教，雅麗副總也就讓這件事情過去了……。

＊　＊　＊　＊

事後就我側面得知，文澤可能因為心中有愧，也可能感謝貝莉沒供出實情，讓自己得以在這件事情脫身。日後，文澤對貝莉的態度友善了不少，時常主動提醒貝莉各種應該注意的「眉眉角角」。又因，文澤在這公司根基深厚，許多共同專案的跨部門溝通，只要文澤協力出手，即可快速消弭公司內部的雜聲，讓貝莉處理事情順風順水多了。

如果文澤不是個知恩圖報的人，那貝莉的黑鍋不就白揹了？

其實也不會，因為貝莉私底下多的是機會，可與副總吐露實情……。

菲女狼的狼嚎

職場上最不能得罪的人，往往是意想不到的人。

免不了揹黑鍋時，就要想辦法揹得有價值。

4.5 「戰功彪炳被冷藏、平庸無能卻高升」背後的真相！

職場就像深宮後院，
大多數的主管都跟帝王一樣，亟需下屬們投以英雄式的崇拜。

「我幫他打江山，他卻獨寵狐媚子。」這句經常出現在古代言情小說裡面的台詞，也不時在現代職場中上演，婉瑜就是其中的苦主。

婉瑜解釋著箇中緣由：「我覺得每個高階主管心裡都住著一個帝王的靈魂，而我就是沒有扮演好嬪妃的角色，所以才升官升不上去。」

婉瑜在一家專營渡假飯店的國際飯店管理顧問公司工作，工作雖然忙碌，不過絕大部分都還能維持朝九晚五的生活。直到婉瑜答應智瀚的工作邀約，開啓忙到天翻地覆的工作模式。

智瀚任職營運部門總監近十年，終於有機會晉升，擔任花蓮分館副總經理。智瀚雖然榮升，卻接手了公司的燙手山芋。花蓮分館的業績，一直在所有事業體敬陪末座。總公司一度還考慮要把這個分館關閉，這次的人事變革算是最後的放手一搏。為了因應這場戰役，智瀚副總從台北總公司調派了兩位同仁一起前往花蓮分館述職，婉瑜與卉心就是這兩位一同挑戰任務的人。

「儘管花蓮分館在整家公司的業績排名墊底，但是也因為基期低，要做出點成績並不難。只要我們能翻轉業績低落的情況。未來，就能帶著你們更上一層樓。」智瀚副總這一番話，說服了極具事業心的婉瑜。與其留在現職不上不下，倒不如把握機會拚搏一番。

一個業績最後一名的分館要從谷底翻身，勢必要有大破大立的作為。除了優化館內設施、服務流程之外，促銷檔期的排程要比其他分館更緊湊，才能一棒接著一棒導入人潮。婉瑜與卉心兩人負責促銷活動規劃與執行，並依照檔期輪番交替分工。

兩人工作性質相仿，不過外派花蓮兩年期間卻過著截然不同的生活。婉瑜忙到疲於奔命，而卉心的生活就像花蓮的美景一樣，很是悠哉。

婉瑜認為受到智瀚副總的重視，自當感念知遇之恩並全力以赴。了解智瀚副總肩負整個分館的經營重任，必定承受極大的壓力，婉瑜能夠不叨擾他就不叨擾。

婉瑜做事的習慣是，自己做好全部的研究，並提出完整的企劃案再向上報告。他花了好多時間調研國際知名飯店的成功案例，並進行田野調查蒐羅當地風土民情，再配合季節以及節慶等主題。婉瑜的促銷提案總是具話題性又具攬客力，再加上花了很多時間與館內的房務、餐飲、設施等各部門溝通，以及提供詳實的SOP（Standard Operation Procedure）標準作業程序，所以總能獲得跨部門的支持，提案成功率非常高，消費者也有極佳的反饋。

相反地，派駐到花蓮分館的卉心就像被野放一樣，經常四處蹓躂到不見人影。場館同仁常常找不到卉心，對於經常神隱的他觀感不佳，自然不會對他有太好的臉色。面對同仁的不友善，卉心最常採取的手法便是哀兵政策，向智瀚副總訴苦，讓他偶爾出來「伸張正義」。

在活動規劃方面，不像婉瑜自有豐富的奇思異想，卉心不時向智瀚副總請求指點。卉心的行銷提案雖然也有吸睛之處，但總是缺乏完善配套措施，未考慮跨部門合作的複雜性，空有創意卻有執行上的難度，因此常遭到各部門的質疑。即便提案通過，也因SOP規劃不完整，突發狀況不斷，同仁們疲於奔命。每當得知這次檔期由卉心負責，眾人皆唯恐避之不及。

婉瑜與卉心雖然職等相當，跨部門支持度卻大不相同，以至於這兩年分館的促銷檔期，有將近七成都是在婉瑜手上完成的。就像精心灌溉花朵就會開出果實一樣，兩年打拚下來，不僅在旅展屢創佳績，搭配豐年祭、熱氣球等話題活動，以及利用當地食材為基礎的美食盛宴，均創造高住房率，疫情解封後的旅遊旺季，更吸引絡繹不絕的住宿旅客。花蓮分館的業績從總是最後一名，躍升為九家分館當中的第三名。

團隊成績備受肯定，總公司再請智瀚出馬改革業績積弱的高雄分館，並晉升智瀚為高雄分館總經理，同時並釋出營運總監的職缺，讓智瀚從團隊中拔擢優秀人才。原本眾人皆以為營運總監的位置是婉瑜的囊中物。然而，人事命令一公布卻讓人跌破眼鏡，獲得升職的，居然是表現遠不如婉瑜的卉心。

＊　＊　＊　＊　＊

直到過了很久，婉瑜才從與智瀚交好的高階主管那打聽到緣由。

在智瀚心中，婉瑜雖然很能幹，更能獨立作業。不過，事事請教他的卉心更像是自己一手拉拔的人馬。縱使卉心企劃的專案不受跨部門的青睞，諸多作法也引起相關單位的非議，業績表現更是不若婉瑜，不過那些事情或多或少都有智瀚授意，他自然也不認為錯在卉心。

再者，每個**主管不管能力如何，都跟帝王一樣需要下屬英雄式的崇拜，尤其是男主管與女下屬之間的互動**。卉心的無能彰顯了智瀚的有為，卉心的受挫與求助，讓智瀚覺得備受尊重，也讓他的想法與意見有所發揮，有機會在背後下很多指導棋。

如果晉升的機會只有一個，而你恰好又是自我肯定需求型（Need for Approval）人格主管，試想你會提拔凡事請示，讓你自我感覺良好的部屬，還是工作上能力強，讓你沒有角色發揮的人？

菲女狼的 狼嚎

有能力，加薪升官卻沒份，可能是使錯力了。

職場就像一場劇，演技出衆才能加戲。

4.6 努力負責徒留罵名，認真錯地方了嗎？

為公司鞠躬盡瘁者，往往最容易變得裡外不是人，
這是職場令人難以直視，卻又不得不面對的殘酷現實。

「做到流汗、嫌到流涎。」每每聽到人家講起這句諺語，我就想到勝凱的故事。

勝凱隸屬 logistics 後勤部門，負責公司進銷存控管，包含物流管理、進出貨安排、庫存管控等。這份工作需要與各部門和外部夥伴縝密合作，比方業務部門要提供精確的銷售預估，後勤才能根據預估協調訂單週期，確保庫存安全；與船務公司、物流公司密切溝通，以達到進出貨的運送準確性與安全性。

都已經離職一年多了，公司內部提到他，還是口徑一致地嫌惡他。

一般的行政作業與庶務，勝凱一手包辦沒有問題。不過，若干事務涉及層面較

廣，不是他一個小小的基層員工可以應付的，最近推出的好萊塢電影聯名商品就是一例。該電影在台熱映，連帶地帶動聯名商品供不應求。業務部門一再提出要求，希望調撥新加坡的配貨量到台灣，以搶攻這波商機。

抱著姑且一試的心態，勝凱難得地向主管嘉玲經理提出請求：「Allen（新加坡後勤）說調撥這麼多數量他無法作主，需要得到 Emma（Allen 的主管）許可。是不是可以請您跟 Emma 有初步共識，我跟 Allen 再接手處理。」職場也是講求門當戶對的，Emma 的位階是資深經理、而勝凱只是專員一個，這事涉及資源爭奪，位階對等的談判比較有利基。

「不必什麼事情都由我出馬吧。」嘉玲經理一副事必躬親的口吻，卻是拒絕得斷然：「你也不是新進員工了，這種事情自己處理就好了。」

嘉玲經理就是這種不沾鍋個性，只要涉及組織衝突，需要據理力爭的事，他能迴避就迴避，全由勝凱出面協調。即使衝突議題來自嘉玲經理授意，他也絕不站在第一線，堅持扮演幕後藏鏡人，把勝凱推到風口浪尖上。

因此，認真負責、個性憨直的勝凱，往往因為堅持底線，得罪不少同事，反而隱身幕後的嘉玲經理，在同仁眼中是標準的好好小姐，極受到同仁喜愛。

好人嘉玲經理做，壞人勝凱擔；有事勝凱做，有福嘉玲經理享。

本來兩人分工上，嘉玲經理至少負擔向上級主管匯報的工作，自從嘉玲經理因懷孕提早休安胎假後，勝凱兼任代理主管，連向高層報告也成了分內任務。

工作量與壓力倍增，卻沒有相對津貼或加給，再加上扮黑臉扮到厭倦，勝凱盤算等待嘉玲經理休完產假，他就要立刻辭職。沒想到嘉玲經理因為孩子早產孱弱，產假休完又另外請了一年育嬰假。而在此期間，勝凱獲得一個不錯的工作機會。

嘉玲經理還在休育嬰假，如果勝凱離職，整個部門不就唱空城了。

勝凱的請辭引來排山倒海的批評，人緣極好的嘉玲經理獲得了壓倒性的同情。同事們認為選在嘉玲經理的非常時期提出辭呈，是非常沒有道義的行為。

眼前的工作機會是個小主管職缺，可以讓勝凱的職涯更上一層樓，薪水也有顯著成長。然而，當下的慰留與責難讓他備感壓力。顧及在這間公司任職兩年多的情面，勝凱冒著失去新工作的風險，硬是把報到日延後了兩個月，以確保公司跟嘉玲經理有充裕時間尋找接替人選，最終讓這個事情圓滿解決。

即使勝凱做到如此，日後大家討論起這件事情時，永遠記得他趁著主管休育嬰假就匆忙提出提辭呈，批判他是缺乏道義的人。反而一向三不管的嘉玲經理，在生下早產兒休育嬰假期間，仍然堅持親自面試勝凱的接替員工，留下了一心為公司著想，熱愛工作的美名。

＊　＊　＊　＊

平心而論，職場本來就是銀貨兩訖的場域，只要不違法亂紀，各自為自身前途而努力，哪有什麼道義可言。

勝凱很慶幸當初他離開了。不過，這件事情也讓他瞭解形象管理的重要性，並提醒自己未來不只做事要努力，做人的拿捏更要用心。

通常堅守工作崗位、為公司鞠躬盡瘁，最容易裡外不是人，不見得會被組織重用。反倒是**自身利益擺第一，把自己得失擺在組織利弊之上的人，更善於權謀合計**、**更容易左右逢源，有更多的機會步步高升**。

這就是職場令人難以直視，卻又不得不面對的現實。

菲女狼的狼嚎

認真做事會得罪人，認真做人不會做事也能生存。

你有用處時，公司才會希望你去留時講道義。沒有用處時，巴不得你沒道義趕緊走人。

4.7 別吝嗇讚美！灌點迷湯更能讓人為你所用！

責罵式或懲罰式管理，難以讓人心悅誠服。相較於責備，人的成長需要更多讚美。

安宇在電視台做布景設計十幾年後，創業成立了設計工程公司，承接策展規劃、活動展演等視覺風格設計、場地佈置施工跟道具製作工程。

公司的組織當中，除了行政人員、設計人員之外，就是工班師傅。工班師傅是安宇公司裡最不可或缺的中堅分子，卻也是最難管理的。多數工班師傅都有著瀟灑的靈魂與不羈的個性，不太受得了一板一眼的管理。

然而，安宇的客戶主要來自國際品牌或本土上市櫃公司，他們對企業聲譽和品牌形象特別謹慎，認為承作案件廠商的一言一行，也某種程度代表著公司形象，因此對廠商素質格外重視。出於這樣的考量，安宇對外勤人員和師傅的服儀有著嚴格要求，其中最基本的規定是進入客戶場域、進行工程施作時必須穿著制服。

不過，自由習慣了的師傅哪會乖乖聽話，多數時候仍然是我行我素的態度。不是說制服忘了帶，就是說弄髒了沒來得及清洗。還有一些人則是陽奉陰違，隨身帶上制服，遇到安宇監工時才裝模作樣地套上。等到安宇一離開，立刻脫下制服。

有好幾次，客戶窗口臨時到現場巡視，看到打赤膊的客戶，免不了一陣尷尬，暗示安宇要好好管理員工。

只不過，唸也唸了，提醒也提醒了。最後甚至祭出被抓到一次沒穿制服罰款一百元的手段，成效依舊不彰。

眼見安宇經常氣得臉紅脖子粗，公司較年長的設計主管篤行跳了出來：「安宇，你別管這件事情了，讓我來吧。」

幾個月後，安宇無預警地巡視會場，竟然發現那幾個特別不照章行事的師傅，居然乖乖地穿上制服。

安宇覺得不可思議，趕忙問篤行究竟是怎麼做到的。只見篤行笑著說：「就用跟你相反的方法啊。」

篤行說，既然安宇口頭上的責罵，以及財務上的罰則等種種手段都使出來了，對那些堅持不穿制服的師傅，再用同樣方式也不會見成效。有的，搞不好還變本加利。

於是，篤行不碎唸，也不罰錢。他採取的方式是懷柔政策。只要有工班師傅沒有按照規定穿上制服，他會先預設對方一定有不得不穿的理由。

首先，他會先謝謝師傅的辛勞，因為一定是最近工班太多，才會有人忙到「忘記」穿制服。

或者是因為制服太髒、換洗太頻繁，來不及清洗晾乾。有時，他也會問是不是大家身材越練越好了，以至於先前提供的制服尺寸不合了，才會沒有穿。

總之，篤行溝通的方式，都是先稱讚對方辛勤工作，肯定對方的貢獻，並假設他們一定是有不得已的苦衷才不穿制服。同時，篤行也根據自己假設的理由，提供出不同的解決方案。

針對忘記穿制服的，他設立一個上工前的提醒機制，安排資淺的師傅負責傳遞貼心提醒給當日排班的師傅。針對來不及清洗的，提供額外的制服。針對尺寸不合的，他重新丈量尺寸、重新製作。針對老婆抱怨制服太髒、太難洗的，由公司委外的洗衣公司處理。

對於沒穿制服上工的師傅，篤行完全不碎唸，而是直接提供新的制服。看到員工一次沒穿，就給予一件制服；兩次沒穿就給予兩件，依此類推。此外，他也特地交付多件制服給工頭，吩咐工頭隨時發送給有困難穿制服上工的員工。

那幾個一度堅持不穿制服的師傅，因為領取了太多件新制服，領到都不好意思了，後來便開始自覺地穿制服上工了。

* * * * *

其實，篤行採取的方式很簡單，就是用鼓勵取代責罵，並且以授權管理、團隊管理取代上對下威權式管理。

安宇採取的責罵式或懲罰式管理，雖然會讓員工會感到壓力迅速解決問題，卻難以讓員工心悅誠服，容易明面上做一套、私底又是一套。過多處罰可能還會降低士氣，除了效果不彰之外，更容易產生負面影響。

相較於責備，人的成長需要更多稱讚！想要指正或改變他人的行為之前，嘗試先給予正面肯定，避免對方感受到攻擊而產生防衛心態。接著，再指出需要改進的地方，同時給予適當的鼓勵，更有助於對方開放心胸接受建議。

鼓勵式管理能讓員工們感到被尊重和重視，同時認為自己擁有足夠的自由度和掌控權，這種氛圍更能促進員工自發積極。

同時，篤行也採取了授權管理與團隊合作，由工班裡的其他師傅負責提醒，以及提供額外制服等必要的資源和支持。

此舉既可**避免上對下的威逼，更能啟動同儕間的相互影響與支持，潛移默化地改變團隊的工作態度。**

菲女狼的**狼嚎**

威勢逼人只會招來陽奉陰違、心悅誠服才能打造團隊向心力。

同溫層的言語有時比上對下的威逼更有效力。

Chapter 5

男人、女人？職場中的兩性關係

5.1 男客戶約我參觀他的豪宅！該去嗎？

5.2 主管的另一半對我「敵」意匪淺，該怎麼化解？

5.3 如何駕船不暈船？職場炮友到底行不行？

5.4 這樣也行？難怪人家說會撒嬌的女人最好命！

5.5 苦幹實幹不如上床幹？同事靠身體上位怎麼辦？

5.1 男客戶約我參觀他的豪宅！該去嗎？

會錯意，尷尬；表錯情，難堪。
客戶關係的經營與拿捏，不容易！

職場上男女關係，是一道難以捉摸的課題。會錯意，尷尬；表錯情，難堪，有些曖昧不明，讓人難以拿捏。

雨霏娓娓道來她處理與客戶間曖昧的經過，手法巧妙地讓我拍案叫絕。

這個故事要從同事請託雨霏參加一場，原本她不需要參加的會議開始。

她記得當初同事是這樣說的：「雨霏，你有沒有去開會，高教授是兩個嘴臉。週三醫學會的流程會議，麻煩你務必跟我們一起去開會。」

亞馨、明杰、雨霏同是會議顧問公司的員工，分別擔任企劃、業務與美術設計。

按照標準程序，負責美術設計的雨霏歸屬於後勤單位，通常除了參與視覺設計相關的提案會議外，不需要經常站在第一線面對客户。就亞馨、明杰的說法，眼前的客户高教授，顯然在先前的會議中看上雨霏了。每次雨霏參加會議時，高教授態度非常十和善，說話總是好聲好氣；反之，如果雨霏未參與會議，高教授變得十分嚴厲，彷彿是另外一個人。

果然，雨霏再次現身會議，高教授笑得像朵綻放的花兒一樣。

「雨霏，過來瞧瞧，這份寄給國外醫師的邀請函這樣寫，你看有沒有什麼需要改進的地方？」高教授特地坐到雨霏旁邊，身體靠向雨霏並指著邀請函上的英文，逐句地詢問她。

看到高教授這樣問自己，雨霏整個人都矇了……。

全體與會者中，身為醫學院教授的高教授，英文水平自是毋庸置疑；而亞馨、明杰亦是喝過洋墨水的，唯獨雨霏的英文程度一般般。雨霏只能假裝看懂，硬著頭皮讚許邀請函上面的文案寫得相當出色。

自從雨霏參與會議以來，每次進行都格外順利。高教授經常毫不避諱地在眾人面前表示，見到雨霏心情都特別愉快，因為這會讓他想起遠在美國的女兒。甚至在每次會議結束後，高教授都會要求和與會者個別擁抱，預祝國際醫學研討會順利成功舉辦。

也就在雨霏深信高教授是真心將自己當作女兒看待，才會表現出明顯的偏愛之際，教授私下打電話給雨霏，告知自己在仁愛路的豪宅已裝潢落成，邀請雨霏前來參觀。

一番詢問後，雨霏得知，這次專案的主要窗口亞馨和明杰並未受邀，而她居然成為公司唯一的受邀者。

「這『案情』並不單純喔，不過我們好需要你打點高教授。」亞馨和明杰的調侃，清楚揭示了雨霏目前左右為難的處境。

高教授主導的國際醫學研討會，是公司的年度重要大案。為了與重點客户保持良好的合作關係，只要是正常的社交活動，她沒有拒絕的理由。只是根據目前情況，雨霏難以判定這次邀約究竟是一場正常的社交活動，還是帶有某種意圖的試探。

高教授雖然毫不隱藏對雨霏的偏好，但行為舉止並未過度逾矩。而慶祝新居落成，邀請好友分享喜悅，理由合情合理，只不過成年男性邀約成年女性到家裡拜訪，難免讓人產生幾分遐想。

如果真是單純的入厝邀約，雨霏卻斷然拒絕，這豈不是「以小人之心，度君子之腹」，反而搞壞客户關係。

但反觀若這個邀約隱含著男性對特定女性的情愫，沒搞懂其中訊息的雨霏就這樣貿然前往，不就讓對方以為雨霏默許了、應允了，屆時可能發展成難以收拾的局面。

「最後，你是怎麼處理的？」除了八卦心態，我也蠻好奇雨霏如何解決這個棘手的情況。

「我當然還是去了，並且帶上伴手禮⋯⋯。」雨霏帶著慧黠的目光説道：「我順便將亞馨跟明杰一起帶過去了。」

＊　＊　＊　＊　＊

其實雨霏的想法是，如果只是一般禮貌性的邀約，偕同服務團隊成員前往祝賀，也在情理之中。

如果這邀約夾帶著別有心思，讓亞馨與明杰一同前去，等於是用另外一種方式，暗示自己對高教授沒有公事以外的想法。

在現代開放的職場中，**男女之間一旦沒有拿捏好分際，便很容易擦槍走火。在試探階段中，如何表達想法又不失禮貌，或避免表錯情造成尷尬，需要很靈巧的應對。**

據說，高教授開門時，看到雨霏以及身旁的亞馨與明杰，眼底閃過一絲驚訝，隨即是淡然的微笑。

在那次會面之後，高教授還是很喜歡找雨霏討論事情，
但自此沒有再私下邀約過她。

菲女狼的狼嚎

有情或無意皆無妨，最忌諱會錯意、表錯情，招惹不必要麻煩。
吃相不難看，需要自尊；拒絕得不難看，需要智慧。

5.2 主管的另一半對我「敵」意匪淺，該怎麼化解？

就向全天下的媽媽都覺得自己的兒子最帥一樣，當老婆的多半認為，老公受到身邊的鶯鶯燕燕覬覦，特別是老公在事業上有所成就時……

蕙琪長得一臉狐狸精相，個性大而化之，異性緣一直都很好，這在工作上既帶來益處也伴隨著困擾。益處的部分是，遇到困難時，男性同事或客户總是樂意伸出援手。然而，不可避免地，可能引來女性同事對她的異樣眼光。

來自女同事小肚雞腸的目光，蕙琪毫不在意。反而是近來男主管的另一半好似對她很有意見，讓她不勝其擾。

「我老婆一直問跟我合照的女生是誰？」欣弘經理描述，老婆大人在臉書上看到同事們的聚餐合照時，特別指著站在欣弘旁邊的蕙琪問。當下，蕙琪不以為意，只認為那是禮貌性的恭維。

自此之後，欣弘經理夫妻倆臉書互動突然密切了起來。不論是外出吃飯、孩子活動、家裡寵物的睡姿，夫人每一篇發文都不忘標記上欣弘經理，好似深怕別人不知道他們鶼鰈情深一般。

以往很少現身的經理夫人，近期很頻繁地參與公司聚餐活動，頗有幾分盯梢的意涵。在餐敘過程中，夫人展現了與欣弘經理間的親密，對於結婚已超過十多年的夫妻來說，這樣的姿態顯得有些刻意。同時，她看待蕙琪的目光中帶著幾分防備和敵意。

如果這情況不妨礙工作也就罷了。近期，欣弘經理提到，老婆對於蕙琪一直在他身邊轉悠很有意見。因此，日後的應酬行程，兩人盡量各自行動，減少一同出席的頻率。

明明已經盡量保持距離了，夫人的疑心病卻還是越來越嚴重，甚至監看起蕙琪的社群網站。

「你怎麼知道她監看？」我開玩笑地問蕙琪，難不成開了天眼。

「有一次我正好刷臉書時，看到經理夫人發來的交友邀請，頓時嚇了一大跳。更詭異的是，那交友邀請沒幾分鐘就消失了，明顯是不小心按到了趕緊取消。相同情況出現好多次。這如果不是監看，是什麼？」蕙琪是個手機不離手，並且時常掛在社群媒體的人，才會及時發現這不尋常現象。

監看至少是暗著來，後續益發明目張膽，多次直接在蕙琪臉書貼文留言，叫蕙琪離有婦之夫遠一點。雖然是子虛烏有的指控，但畢竟對方是主管的老婆，蕙琪只能採取消極處理，對方留一次言、她就刪一次。儘管蕙琪迅速刪除留言，仍然被一些朋友看到，紛紛關心到底發生了何事。

「所以你跟你們經理『有事』發生？」我故意揶揄一番。

「你覺得有可能嗎？」」翻了白眼的蕙琪反問我。

蕙琪自嘲自己就是個外貌協會，從年輕時期對象清一色都是又高、又帥的貴公子，哪裡會喜歡長相憨厚平實的欣弘。「拜託，別說我結婚了，就算我單身，我也看不上經理。」

* * * * *

旁觀者清、當局者迷，這是千古不變的真理。

就如同全天下媽媽都覺得自家兒子最帥、最出色一般。當老婆的也多半認為，老公總是受到身邊的鶯鶯燕燕覬覦，特別是當老公在事業上有所成就時，更是如此。

「真的是有理說不清。」蕙琪所幸把社群帳號都關掉，也請欣弘經理好好地跟夫人溝通。畢竟事情若再鬧下去，她可能就要考慮申請轉調部門，不然實在太困擾了。

職場歲月佔據了生活大半時光，與同事朝夕相處、日久生情稀鬆平常，更何況是與握有權勢的男性、漂亮迷人的女性共事。如果真的有曖昧情事被人說三道四也就罷了，若純粹空穴來風卻傳得沸沸揚揚，可就真的有理說不清了。

為了避免異性主管或同事的另一半產生誤會，有些職場的禮儀分際更要拿捏到位。

在平日相處上，**對待同事確保態度要具有一致性，不要因為個別差異待遇，引發當事人遐想或其他人誤解**。此外，除了規避肢體接觸，語言措辭更要注意。用字遣詞要清楚、明確，減少可能被解讀為親密或暗示的字眼，尤其展現幽默或說玩笑話更要小心。另外，使用通訊軟體時，容易引起誤解的表情符號要少用，減少各自解讀的機會。

社交媒體的交流更要低調謹慎，互動不要過於頻繁，交流也不該過於親暱，多一份心眼自我保護，避免別人望文生義，隨便編撰故事。

如果有機會與對方的伴侶碰面，在對方還沒結婚的情況下，一起討論另一半，表明自己心有所屬。若對方已經步入婚姻，把話匣子帶到家庭相處、孩子教養，讓對方感受到你是尊重家庭價值觀的人，減少對方對你不必要的臆測。

菲女狼的狼嚎

與異性主管的另一半相處良好可能成為職場助力，相處不佳或多或少都有殺傷力。

職場上最不缺的就是敵人，不要莫名其妙幫自己樹立了莫須有的假想敵。

5.3 如何駕船不暈船？職場炮友到底行不行？

炮友關係更需眼不見為淨！
越是「親」、「近」者，越可能出問題；
越是「疏」、「遠」的，較有機會細水長流。

現代社會日益開放，發展炮友關係已經不是什麼了不起的新鮮事。然而，若炮友來自職場夥伴或者公司同事，這樣的關係是否可能干擾工作？是否有辦法維持？

根據朋友筱晴的近身觀察，這並非是件容易的事。

在媒體擔任記者的郁馨、亦呈，因為時常在媒體活動相遇，漸漸熟識並發展成只滿足彼此生理需求，不受情感束縛的炮友關係。一般來說，大家鮮少會把這樣的關係公諸於世。儘管兩人在媒體圈有共同的朋友，但大多數人並不知情，像筱晴這樣少數看出端倪的人，也很上道地心照不宣。

兩人謹守著沒有承諾關係、不涉入彼此生活的分際，讓這樣的炮友關係維持了將近一年，直到兩人同時受邀出國採訪，長達十天的日夜相伴，顛覆了以前若即若離的相處，也打破了炮友該有的平衡與界限。

主辦單位自然是不知道兩人關係，選擇邀約哪家媒體和哪個記者出國採訪，全以媒體屬性和記者專業度為考量。這一團不到十人的媒體團，好巧不巧同時邀請了筱晴、郁馨、亦呈。

就在某日參訪行程之後，所有記者來到當地的夜店朝聖。在記者團一行的隔壁桌，坐著幾位年輕性感的美眉。年長的男記者開起玩笑，要英文流利的亦呈展現亞洲好男孩本色，去向隔壁桌的美眉搭訕。一向喜愛炒熱氣氛的筱晴更加碼，只要亦呈成功邀約其中一位女生，到他們這桌與大家打招呼，筱晴就買單今天晚上的酒水費用。

在眾人起鬨下，亦呈真的走到美眉那桌，不曉得說了什麼笑話，美眉笑得花枝亂顫，不但成功地讓美眉們併到記者桌，跟大家玩在一塊，最後，亦呈還邀請了其中一位到舞池共舞。

大家那個晚上都玩得很盡興，只有郁馨除外。筱晴也是隔日才發現郁馨的不對勁。

從早上在飯店用早餐開始，郁馨開始嫌棄餐點不合胃口。到了晚餐時段，她以這幾天吃膩了西餐為由，一直挑剔菜色，即使主辦單位不斷安撫，也表明隔日就有中菜館的行程安排，郁馨仍是各種不滿意。同時，對於筱晴下午的採訪多問了幾個問題，導致晚餐時間耽誤了將近半小時表達不滿。

面對郁馨的無端生事，主辦單位除了安撫別無他法，但同是記者的筱晴可就沒打算繼續容忍這種無理取鬧。她趁著自由時間的空檔跟郁馨攤牌：「你很不對勁耶，你要不要說說你到底怎麼了？」

「我想你應該是這一團成員當中，唯一知道我跟亦呈是什麼關係的人。你，為什麼還要慫恿他去跟隔壁桌的女生搭訕？」郁馨心裡的感受也不再掩著、藏著。

「你先前說你們不是男女朋友關係，所以我想你應該也不會在意……。如果你們是男女朋友關係，我想不只是我，同行的記者們也不會有人那樣煽動。」隨著筱晴的話，郁馨的臉色益發難看。

郁馨心裡比誰都清楚，她跟亦呈只是炮友，兩人在外即使有曖昧、交往對象，也無須向彼此交代。即使知道高大英挺的亦呈女人緣非常好，像這種搭訕、調情的場面在所難免。不過，以往兩人的交會僅止工作場域的偶爾碰面，在若即若離、保持距離之下，她都能好好地保守初心，謹守遊戲規則。

可是，當亦呈與其他女人的活色生香，就這麼真實地在她面前上演時，她發現她失控了，無法看著一切發生而心裡平靜無波。

＊＊＊＊＊

張愛玲在小說《色戒》裡寫到：「走到女人心裡的路，要透過陰道。」這句話在男女開放的現在或許不見得完全成立；不過，時間催化下的身心依附，實屬必然的結果。

朝夕相處、日久生情是亙古不變的道理。

對於以往完事就一拍兩散的兩人，這一趟十天八夜的美東之旅，是先前幾乎不曾有過的朝夕相處。一起搭機、一起拉車、一起三餐、一起採訪、一起出遊，打破了兩人原本除了在床上之外，不在其他場域有過度交集的約定。

按照筱晴的說法，回到台灣不久後，郁馨與亦呈就結束了床伴關係。因為郁馨發現她「暈船」了，但亦呈仍然保持清醒。害怕再動心下去會深陷泥沼無法自拔，郁馨主動提出結束，在亦呈也沒有挽回的情況下，兩人正式拆夥。

如果炮友來自工作夥伴或者同事，只要彼此工作場域有一定距離，不用長時間朝夕相處，未必不可行。但如果是身處在同一個辦公室，朝九晚五都看得到彼此，很難不去留意對方的一舉一動，情緒亦很難不被對方牽動，如果因此影響工作表現，就太得不償失。

職場的炮友關係發展到底行不行？答案沒有一定，主要是看彼此在工作場域上

的親疏遠近。一般來說，越是「親」、「近」越可能出問題；相對的，越是「疏」、「遠」的較有長久合作的機會。

菲女狼的**狼嚎**

心，一旦打開了，比什麼都難回收。

最怕的是你想彼此相愛，他只想一起做愛。

5.4 這樣也行？難怪人家說會撒嬌的女人最好命！

「人家……。」、「那個……。」
軟糯語詞一出馬，犯錯自有揹鍋俠！
小錯不追究，大錯有人扛。撒嬌力量真的很強大。

「藤原經理，這個文件很急，可不可以請您馬上簽字呢？」彤彤攔住正要出門會議的日籍主管，讓他簽完字再走。

「如果很急就要早點拿出來啊。」生性一向嚴謹的日本人，顯然對於這種臨時的突發事件，心生些許不悅。

「那個……那個……人家就忘記了嘛。」彤彤用著水汪汪的大眼睛盯著對方瞧，同時用著軟糯的語調解釋。原本還皺著眉的藤原經理頓時笑開了，接過對方遞來文件的同時，也學著對方的軟糯語調：「那你下次不要忘記了啊」。

「藤原經理，上次那份文件，我搞錯了耶，您已經往上呈了嗎？」彤彤嗲嗲的聲音再度於耳邊響起。

「還沒。但你怎麼一天到晚搞錯呢？你有沒有吃過飯會不會搞錯呢？」藤原經理的回答帶著調侃，語氣有著無可奈何，卻也帶著幾分寵溺。

「哎呀，怎麼這樣說人家啦。」伴隨著彤彤銀鈴般的笑聲，藤原經理也不再追究，就讓這個錯誤船過水無痕。

這就是「彤彤」的日常。

雖然工作中，小錯不斷，但總能憑藉著撒嬌的本事，讓主管不對她究責。不但小錯這樣，就連大錯亦如此。

一檔由彤彤主導的聯名促銷專案，在未經合作航空公司的同意之下，擅自使用對方照片刊登廣告。這嚴重的錯誤引起對方不滿。航空公司的窗口發函揚言提告。

「藤原經理，我們該怎麼辦呢？」彤彤用極盡無辜的眼神與語調，無助地向藤原經理求救。

沒有提出實際的解決方案，此時此刻撒嬌就是最好的解決方案。

藤原經理慣性地皺了一下眉頭，問了始末緣由之後，沒有再責備一句，反而是轉過身來，對著坐在隔壁列的公關經理欣茹說：「欣茹，您剛才應該有聽到事情的來龍去脈，這件事情您接手處理吧，先去跟對方致歉。如果對方不接受，再請教法務該如何處理。」

「我？」無端被點名到的欣茹很是錯愕。這件事情從頭到尾欣茹都沒有涉入，爛攤子卻要她出面來收拾。

「為什麼是我啊？」欣茹再次確認。第一、這禍不是她闖的、第二、闖禍的形形也不是自己的下屬，實在沒有她去道歉的理由。

藤原經理義正嚴詞地表示：「這是公司的事，不需計較由誰處理，而應著眼於誰能更適切處理。我期望此次處理能平息對方怒氣，同時保護公司權益。由於您資深且經驗豐富，應對進退較有分際，我期待您能圓滿處理這件事情。」

就這樣，闖禍的形形靠著嗲聲嗲氣獲得主管庇蔭，安安穩穩地躲在辦公室納涼。而非事件關係人的欣茹被推到風口浪尖上，硬著頭皮提著禮物前往航空公司致歉。所幸，對方窗口是個明理的人，並沒有給欣茹太多的臉色看。想像中的劈頭大罵、或者提出高額求償的場面並沒有發生，而是非常專業理性的討論。在欣茹致歉並提出後續解決方案之後，對方決定不再追究。

「我就知道派您處理這件事情就對了。」知道欣茹順利解決這件事情之後，藤原經理很開心地表達對欣茹的讚許。事件的始作俑者彤彤也隨即以甜美嬌柔的聲音附和：「欣茹真的好厲害喔，這麼順利就解決這件事情，棒棒喔。」

* * * *

當下，欣茹真的是又好氣又好笑。事件的肇始者彤彤跟沒事的人一樣，反而是用置身事外的第三者角色看待這件事情，來評價欣茹事情處理的好壞。不過，看著彤彤甜甜的笑臉以及軟萌的語調，欣茹心裡有氣卻也無處發。萬一欣茹的語氣太過嚴厲，豈不讓大家覺得是母老虎欺負小白花，對自己的形象可是非常有損害的。

就算連欣茹也不得不承認，**撒嬌的力量真的很強大。小錯不會被追究，大錯會有其他人幫忙扛**。

欣茹下次也想來學學彤彤的撒嬌技巧。這不外乎臉上總帶著傻笑，還要搭配鈴鐺般的清脆笑聲。在對話時多多用「疊字」、講到自己時用「人家」取代「我」、句尾多用「啊」、「呢」、「喔」、「呦」、「耶」語助詞。

在模仿的同時，欣茹不禁懷疑女漢子學了這些，到底是會惹人憐愛？還是遭人白眼。

菲女狼的 **狼嚎**

撒嬌的女人不只在感情上好運，在職場上往往也是無往不利。

你壞壞，人家才沒有撒嬌呢！

5.5 苦幹實幹不如上床幹？同事靠身體上位怎麼辦？

別小看耳鬢廝磨的影響力，
私情不一定上得了檯面，但檯面下難免會循私。

當初是被重金禮聘挖腳，浩瀚才決定轉換到現在的崗位。除了職務與薪酬都有提升之外，最重要的是，執行長對他十分禮遇，並承諾新公司中會有讓他有充分的發揮與成長機會。

剛轉職前幾年，事情進展確實如執行長所承諾，浩瀚也順利適應公司，然而近年來，浩瀚似乎過得越來越不如意。

「因為我得罪了業務部門另外一個主管聖芬經理。」浩瀚淡淡地訴說這些日子以來不開心的原因。

「業務部門的另外一個主管？職等不是應該跟你相當嗎？為什麼需要忌憚？」別提浩瀚是被挖腳過去的，就算只以業績論高下，浩瀚團隊的業績表現稱得上可圈可點，照理是別人顧慮他更多才對，我不得其解。「而且我記得你提過，公司高層對你非常看重，難道事情有變故？」

「你有所不知，一般情況下，執行長確實待我不錯，也樂意聽我的建言。但只要涉及到聖芬經理相關的事情，我就只有吃虌的份。」

據傳，這位聖芬經理跟執行長之間存在曖昧關係，甚至有同事曾在下班時間，目睹她在公司兩條街外的路口上了執行長的座車。不過，浩瀚認為這類的八卦消息不可盡信。即便聖芬經理真的是執行長的小三，也與自己毫無干係，所以並不放在心上。

有好長一段時間，浩瀚跟聖芬各自帶領自己的業務團隊，倒也相安無事、和平共處。直到公司決定擴展不同型態的通路，兩人開始有所爭執。

原本業務一部負責哪些客户、業務二部負責哪些客户，客户歸屬已經確立多年，分工明確清晰。不過，當公司決定擴展多元通路時，問題隨之而來。由於這些新通路並未有明確的責任劃分，業務同仁相互爭奪潛力客户局面混亂。因此，聖芬和浩瀚的矛盾時有所聞，雙方互不讓步之下，演變成需要執行長介入調停。

每當面臨這種情況，執行長總是能夠公正地進行調解。所以，浩瀚認為有關執行長與聖芬的流言蜚語，應該都不屬實。畢竟，他並未感受到執行長刻意偏袒聖芬。因此，日後在業務開發與聖芬立場衝突時，浩瀚仍堅定地捍衛自己的權益。

之後不久，公司就決定進行業務部門重組。

原本在浩瀚團隊業績卓越的重要客户被調配到聖芬的團隊。執行長解釋，公司看重浩瀚勇於挑戰、敢於拼搏的特質，認為他有能力將業績表現不佳的客户發展壯大，以及吸引更多新客户；至於那些相對穩定、只需守成的客户，則交由聖芬的團隊負責。這一調整旨在發揮每個團隊的特長，以更有效地滿足客户需求並實現業績增長目標。

當時，浩瀚隱約感到有些不尋常，但執行長所言並非全無道理，他也就應允了這項安排。不過，這樣的安排並沒有完全消弭兩個業務團隊的衝突，兩人爭執屢次三番。一起到執行長室理論，要求主持公道的事情沒有少過。

儘管執行長總能秉公處事，浩瀚沒在會議上吃過虧，但之後就會有意想不到的進展發生。

公司以鼓勵人才發展，提供明確晉升機制為名，突然宣布設立一個業務總監的職位，擔任業務部門的最高主管。而獲得晉升的，很不巧正是聖芬而非浩瀚，理由是公司大部分的關鍵客户都歸屬於聖芬的團隊所服務。

到此，浩漢已經心知肚明，這一切絕對與他惹惱聖芬脱離不了關係。

雖然執行長在檯面的會議表現得公正無私，看似沒有偏袒聖芬，然而後續多項重大決策，顯然都是順著聖芬心意走，只怪浩瀚當初未能看透形勢。

「當初我確實有些過於天真，認為不論聖芬是否為執行長的小三，執行長應該都會秉持著專業經理人的專業素養。另外，每當我與聖芬發生衝突時，執行長的決策表現得非常客觀，秉持公正的態度。我也就傻傻地沒有把聖芬放在眼裡，沒特別在意她的感受，仍然為了部門權益與她衝突不斷。」

沒想到，執行長檯面上剛正不阿，私底下卻極盡徇私偏袒，只可惜浩瀚覺悟得太晚。

＊　＊　＊　＊　＊

辦公室是八卦集散地，傳言總是衆說紛紜，雖然不能全信，但涉及高層的流言往往不能輕忽。尤其是類似聖芬與執行長的私下關係，多少還是放心上比較保險，才不至於得罪了不該得罪的人而不自知。

雖然在公開場合，為了避免落人口實，執行長能夠保持公平公正，但私下的決策難免受到這樣的私人關係影響。

如果同事靠身體上位了，與對方有正面衝突很難有勝算。與之和平共處，避免摩擦爭執才是明智之舉，也有助於維持工作環境的和諧。如果實在難以忍受對方的行為，就選擇繞道而行，保持安全距離。

總之，**千萬不要小看耳鬢廝磨的影響力**。

菲女狼的 **狼嚎**

發揮影響力的方法有很多，巫山雲雨是很有效的一種。

不能公開的關係若能成為別人攻擊的把柄，那就表示還不夠位高權重。

觀成長

職場百妖誌：吃瓜不尷尬，職場小白降妖求升必備30招

作　　者　菲女狼
視覺設計　徐思文
主　　編　林憶純
企劃主任　王綾翊

總 編 輯　梁芳春
董 事 長　趙政岷
出 版 者　時報文化出版企業股份有限公司
一〇八〇一九　台北市和平西路三段二四〇號
發行專線　（〇二）二三〇六－六八四二
讀者服務專線　〇八〇〇－二三一－七〇五、（〇二）二三〇四－七一〇三
讀者服務傳真　（〇二）二三〇四－六八五八
郵撥　一九三四四七二四　時報文化出版公司
信箱　一〇八九九　臺北華江橋郵局第九九信箱
時報悅讀網　www.readingtimes.com.tw
電子郵箱　yoho@readingtimes.com.tw
法律顧問　理律法律事務所　陳長文律師、李念祖律師
印　　刷　勁達印刷有限公司
初版一刷　二〇二四年三月二十二日
初版二刷　二〇二四年五月十日

時報文化出版公司成立於一九七五年，並於一九九九年股票上櫃公開發行，於二〇〇八年脫離中時集團非屬旺中，以「尊重智慧與創意的文化事業」為信念。

職場百妖誌：吃瓜不尷尬，職場小白降妖求升必備30招／菲女狼作. -- 初版. -- 臺北市：時報文化出版企業股份有限公司, 2024.03
208面；14.8*21公分. --（觀成長）
ISBN 978-626-374-832-3（平裝）
1.CST: 職場成功法
494.35　　112019063

ISBN 978-626-374-832-3
Printed in Taiwan